精品课程改革项目研究成果

3DS MAX项目化实训教程

主　编　陈　彧　罗科勇
副主编　史　俊　程　娟　黄名广

北京理工大学出版社
BEIJING INSTITUTE OF TECHNOLOGY PRESS

内 容 提 要

本书内容包含3DS MAX2009的建模和VRay渲染两部分，分6个项目：界面与视图、对象操作、基础建模、包装设计表现、卫浴设计表现和室内装饰设计表现。各项目分为基础知识、基本技能、综合技能和考核标准4要点进行叙述，全书由基础到高级，循序渐进地讲解了20多个实例。

本书可作为包装装潢设计、产品设计、环境艺术设计等专业的教材使用，同时适合作为设计从业人员的自学指导书，以及社会相关培训机构的教材。

版权专有　侵权必究

图书在版编目(CIP)数据

3DS MAX项目化实训教程 / 陈彧，罗科勇主编. —北京：北京理工大学出版社，2010.7（2019.7重印）

ISBN 978-7-5640-3446-7

Ⅰ.①3… Ⅱ.①陈… ②罗… Ⅲ.①三维－动画－图形软件，3DS MAX－高等学校－教材　Ⅳ.①TP391.41

中国版本图书馆CIP数据核字(2010)第140256号

出版发行 / 北京理工大学出版社有限责任公司
社　　址 / 北京市海淀区中关村南大街5号
邮　　编 / 100081
电　　话 / (010)68914775(总编室)
　　　　　(010)82562903(教材售后服务热线)
　　　　　(010)68948351(其他图书服务热线)
网　　址 / http://www.bitpress.com.cn
经　　销 / 全国各地新华书店
印　　刷 / 河北鸿祥信彩印刷有限公司
开　　本 / 720毫米×1000毫米　1/12
印　　张 / 18
字　　数 / 280千字
版　　次 / 2010年7月第1版　2019年7月第6次印刷
印　　数 / 12001～14500册
定　　价 / 59.80元

责任编辑 / 葛仕钧
　　　　　申玉琴
责任校对 / 张沁萍
责任印制 / 边心超

图书出现印装质量问题，请拨打售后服务热线，本社负责调换

前 言

3DS MAX三维设计表现课程已成为各艺术设计院校的技能必修课程之一，拥有众多的学习者。它的建模、材质、渲染、动画、特效等功能一应俱全，已经深入应用于影视动画设计、游戏设计、环境艺术设计、产品设计、广告包装设计、陶瓷艺术设计等行业。3DS MAX是一个能快速、真实表现设计创意的平台，是一款为创意者提供诸多功能的三维虚拟软件。由于3DS MAX功能强大，涉及的学习面比较广，因此，在学习3DS MAX软件过程中应具有专业针对性。编者经过长时间的"研究—探讨—实践教学"从而发现：对多数设计类学生来讲，3DS MAX软件的建模功能和VRay渲染功能更为常用。由此，为了让学生在学习过程中，少走弯路、快速入门，有更多的时间投入到设计创意当中，编者分析了高职类设计工作岗位技能需求，提取了3DS MAX够用的知识点，进行分解和集中介绍，让学生通过操作实践，得到了很好的学习效果。

本书以项目导向为课程内容安排，各项目分解了3DS MAX软件的建模、VRay渲染等常用知识点，便于学生有针对性的学习3DS MAX软件。本书共分为6个项目，单个项目内容由简单到复杂，循序渐进的讲解了每个项目。项目又由基础知识、基本技能、综合技能、项目考核四部分组成，有利于学生的分类软件知识。本书理论与实例相结合，力图在操作练习实例中学习软件工具，更有利于学生理解工具。

界面与视图、对象操作、基础建模前3个项目是软件基础部分，讲解了软件的基本知识点、常用的辅助工具、常用的建模工具等，没有接触过3DS MAX的学生，应细心学习；有3DS MAX基础的学生，可有选择性的学习。包装设计表现项目介绍了常用于包装设计的建模工具，以及VRay渲染的基本材质、灯光、渲染参数设置等内容，同时讲解了3个从建模到渲染整个作图过程的实例。卫浴设计表现项目介绍了产品造型分析、多边形建模、渲染等理论知识，以及3个单体陶瓷洁具的建模和一套浴室柜的建模和场景渲染。室内装饰表现项目介绍了场景的灯光、贴图、光域网灯光等理论知识，以及家装、办公室的建模和渲染。

本书凝结了编者多年的教学经验，力求尽可能多的用图片来说明工具用途，减少文字的叙述，以提高学习者的兴趣及便于理解。但编写过程中也难免会有所疏漏，书中不当之处敬请读者、同仁批评指正。

编 者

CONTENTS 目录

01 项目一：界面、视图

一、基本知识 / 001
（一）界面 / 001
（二）视图 / 002
二、基本技能 / 002
（一）视图操作 / 002
（二）ViewCube / 003
三、综合技能 / 003
（一）视图布局 / 003
（二）物体显示模式 / 005
（三）自定义 / 005
四、考核标准 / 006
（一）考核形式 / 006
（二）主要标准 / 006
（三）课后作业 / 006

02 项目二：对象操作

一、基本知识 / 007
（一）物体变换 / 007
（二）坐标系 / 007
（三）坐标轴点 / 009
（四）捕捉 / 010
（五）层/命名选择集 / 010
（六）选择过滤器 / 011
（七）选择并操纵 / 011
（八）键盘快捷键覆盖切换 / 011
二、基本技能 / 011
（一）对象的选择 / 011
（二）移动、旋转、缩放工具 / 011
（三）变换输入 / 012
（四）交叉\窗口选择 / 012
三、综合技能 / 013
（一）物体的复制 / 013
（二）阵列、间隔 / 013
（三）对齐系列工具 / 015
（四）物体的隐藏和显示、冻结 / 016
（五）孤立模式 / 017
（六）实例 / 017
四、考核标准 / 020
（一）考核形式 / 020
（二）主要标准 / 020
（三）课后作业 / 020

03 项目三：基础建模

一、基本知识 / 021
（一）几何体 / 021
（二）图形 / 021
（三）修改面板 / 022
二、基本技能 / 023
（一）挤出 / 023
（二）线渲染 / 025
（三）线的编辑 / 026
（四）扫描 / 028
（五）倒角剖面 / 030
（六）车削、壳 / 032
（七）FFD、编辑多边形 / 034
三、综合技能 / 037
（一）茶几 / 037
（二）落地灯 / 040
（三）古典家具 / 044
四、考核标准 / 054
（一）考核形式 / 054
（二）主要标准 / 054
（三）课后作业 / 054

CONTENTS

04
▶ 项目四：包装设计表现

一、基本知识 / 055
（一）锥化、扭曲、弯曲 / 055
（二）布尔 / 055
（三）ProBoolean / 057
（四）材质 / 058
（五）【VRay】材质 / 059
（六）VRay灯光 / 063
（七）光度学灯光 / 064
（八）VRay渲染设置参数 / 066
二、基本技能 / 070
（一）香水瓶 / 070
（二）陶瓷酒壶 / 077
三、综合技能 / 089
四、考核标准 / 107
（一）考核形式 / 107
（二）主要标准 / 107
（三）课后作业 / 107

05
▶ 项目五：卫浴设计表现

一、基本知识 / 108
（一）图纸 / 108
（二）产品造型分析 / 108
（三）多边形建模 / 108
（四）模型文件的
　　【合并】与【导入】 / 108
（五）模型的【保存】与【导出】 / 108
（六）渲染 / 108
二、基本技能 / 109
（一）浴缸 / 109
（二）便器 / 118
（三）洗脸台 / 127
三、综合技能 / 132
（一）洗脸台的建模 / 132
（二）洗脸台的渲染 / 144
四、考核标准 / 152
（一）考核形式 / 152
（二）主要标准 / 152
（三）课后作业 / 152

06
▶ 项目六：室内装饰设计表现

一、基本知识 / 153
（一）CAD图纸 / 153
（二）场景 / 153
（三）场景灯光 / 153
（四）场景贴图 / 153
（五）对象属性 / 154
（六）光域网灯光 / 155
二、基本技能 / 156
（一）家装 / 156
三、综合技能 / 184
（一）办公室设计表现 / 184
四、考核标准 / 210
（一）考核形式 / 210
（二）主要标准 / 210
（三）课后作业 / 210

项目一：界面、视图

一、基本知识

（一）界面

启动3DS MAX后，我们看到了软件的整个界面（图1-1），下面对整个界面进行初步介绍：

1. 菜单栏

菜单栏包含了3DS MAX里的所有功能，也是工具栏、面板等命令的重复项。

2. 主工具栏

通过主工具栏可以快速访问3DS MAX常用的工具和对话框。

3. 命令面板

分别为创建、修改、层次、运动、显示及工具6大面板。主要是用来创建对象，修改对象及管理对象等。

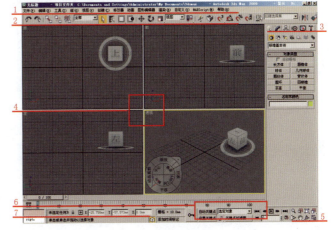

图1-1

4. 视图

通过视图可以查看创建的对象。视图由4个不同角度的摄像机组成，分别为顶、前、左3个正交视图和一个透视图（图1-2）。

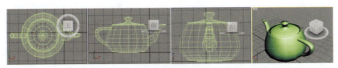

图1-2

5. 视图导航工具

对视图进行旋转、缩放、平移、切换、最大化显示等操作。

6. 时间滑块、关键帧、动画播放控制

用来控制动画时间、插入关键帧和播放动画等功能。

7. 绝对/相对坐标切换和坐标显示

显示对象坐标及鼠标位置信息，对于精确建模尤为重要。

（二）视图

视图是场景三维空间中的窗口。通过视图可以较真实地看到场景中的物体及物体之间的空间关系。带有黄色边框的视图为当前工作的视图（图1-3）。

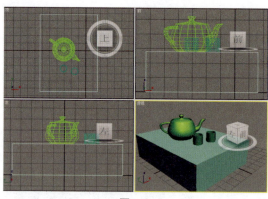

图1-3

二、基本技能

对3DS MAX界面有个基本了解后，就可以开始视图操作了。

（一）视图操作

视图操作要掌握以下几点基本技能：

（1）要在不同的视图工作，可以在需要工作的视图上点右键进行切换。如从透视图切换到前视图，可以到前视图上单击右键。

（2）在视图中，旋转视图有以下3种方式：

①旋转工具 ；

②ViewCube ，该功能为3DS MAX2009新增功能；

③同时按住【ALT】键和鼠标中键拖动。

（3）缩放视图可以使用以下4种方式：

①缩放工具 ；

②4个视图缩放工具 ；

③滚动中键；

④同时按住【Ctrl】【ALT】和【中键】拖动。

（4）平移视图可以使用以下两种方式：

①平移工具 ；

②按住中键拖动。

（5）把单个视图最大化可以使用以下两种方式：

①最大化视口切换工具 ；

②按住【ALT】键不放，点一下【W】键。

项目一：界面、视图

（6）最大化显示选中对象及显示全部对象，其中白色立方体表示对单个视图起作用，灰色立方体表示对4个视图共同起作用，具体操作可以使用以下两种方式：

①最大化显示选中对象工具 ，最大化显示全部对象工具 ；

②选中物体点Z。

（二）ViewCube

【ViewCube】为3D导航工具，默认情况下显示在4个窗口的右上角（图1-4），也可以设置在【活动窗口】显示；在ViewCube图标上点右键，点【配置...】，弹出【视口配置】对话框，在【ViewCube】选项卡上，选择【仅在活动视图中】（图1-5），点【确定】后，可以看到只有活动的窗口才显示。ViewCube在摄影机等其他类型的视图中不会显示。

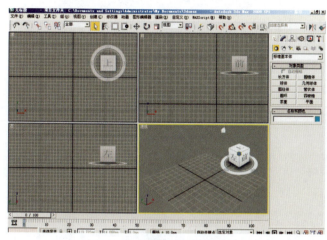
图1-4

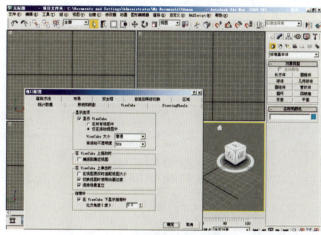
图1-5

使用【ViewCube】工具，可以快速地切换视图和视角，也可以设置主栅格等。单击ViewCube图标上的文字，可旋转至相应的视图；如按住【ViewCube】图标不放，拖动鼠标，可自由地旋转视图；如在【ViewCube】图标上点【右键】，选择【将当前视图设置为主栅格】，将记录当前视图角度为主栅格角度，点击【主栅格】 ，视图将还原到刚记录的视图角度。

三、综合技能

实际作图过程中，界面布局合理直接影响作图效率，设置符合自己习惯的界面尤为重要，定制界面须掌握以下内容。

（一）视图布局

（1）要改变窗口的大小，移动4个视图的交界线（图1-6）；到交界处点右键，点【重置布局】（图1-7），把4个视图恢复为默认。

（2）在视图【导航工具面板】上单击【右键】，弹出【视口配置】，点【布局】项，可选择不同的视图布局（图1-8）；在深灰色框内点【右键】，选择视图（图1-9），点【确定】。

（3）在窗口的左上角点【右键】，移动鼠标到【视图】项，点要改变的视图（图1-10）。各视图的快捷键为（图1-11）：【T】顶视图、【F】前视图、【L】左视图、【P】透视图、【B】底视图、【U】用户视图；【C】摄像机视图。

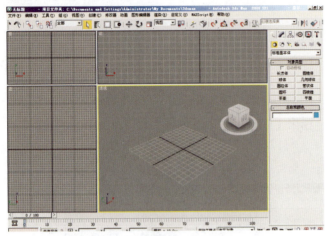

图1-6

图1-7

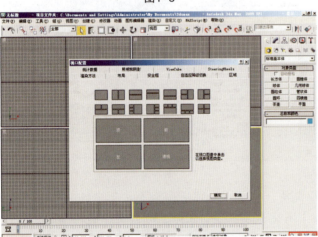

图1-8

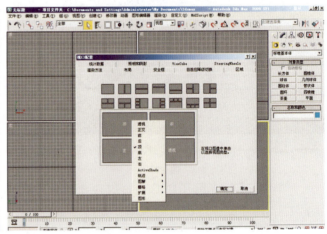

图1-9

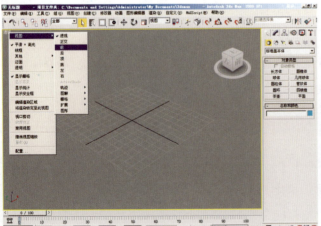

图1-10

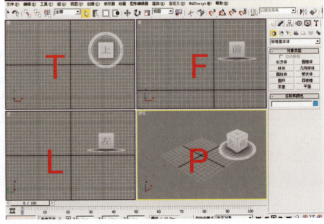

图1-11

（二）物体显示模式

在视图的左上角点【右键】，可以设置物体在窗口中的显示模式（图1-12）。常用的模式为【线框】【平滑+高光】；按【F3】可在两者间切换；在【平滑+高光】模式中，【F4】可显示边面（图1-13）。物体的显示模式可以根据计算机的硬件和场景大小、复杂程度来决定使用哪种模式，【线框】模式显示速度快，【平滑+高光】模式显示速度慢一些。

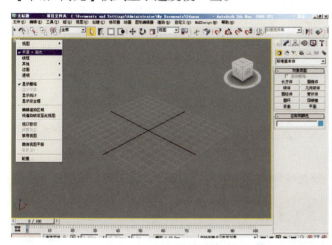

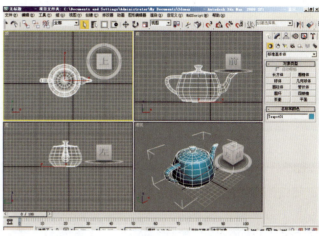

图1-12　　　　　　　　　　　　　　　图1-13

（三）自定义

点【自定义】菜单，对用户的整个界面进行设置。

（1）设置3DS MAX的快捷键、工具栏、菜单、右键列、颜色等；点【自定义】菜单的【自定义用户界面】（图1-14），弹出【自定义用户界面】对话框（图1-15），对话框中的左边是3DS MAX的命令，用户可以在对话框的右边设置；自定义完成后，点【保存...】命令，更改文件名，保存为UI文件（图1-16），点【加载...】命令可载入已保存UI文件（图1-17）。快捷键、工具栏等修改后，要返回到3DS MAX默认状态，点【重置】。

（2）要切换3DS MAX的界面方案，或者工具栏、命令面板等丢失，点【自定义】菜单的【自定义UI与默认设置切换器】（图1-18），选中不同的界面方案，点【设置】（图1-19）。

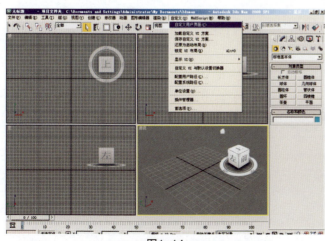

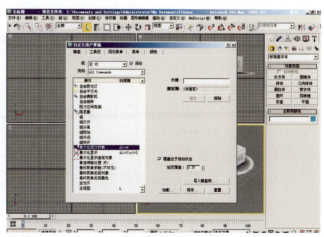

图1-14　　　　　　　　　　　　　　　图1-15

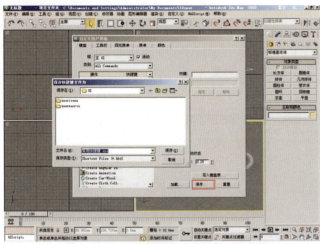

图1-16

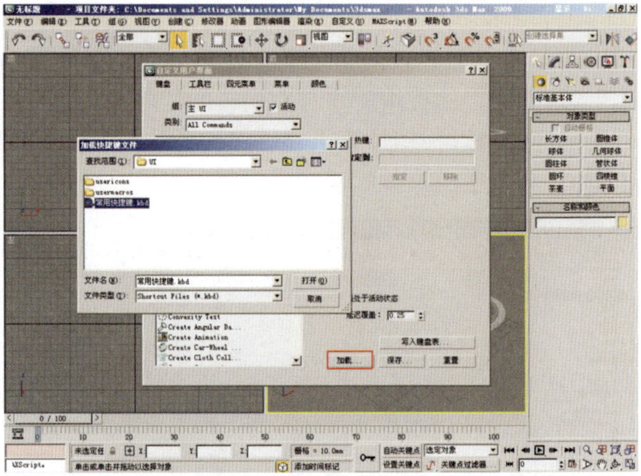

图1-17

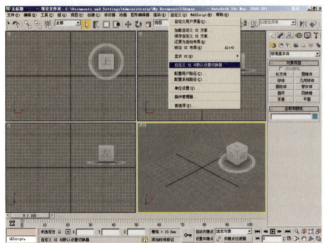

图1-18

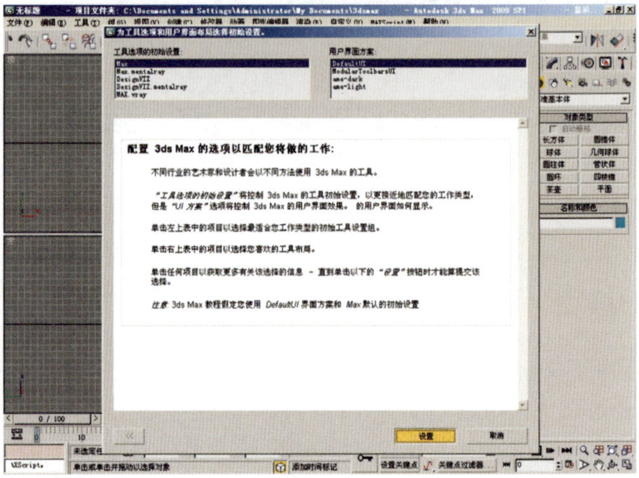

图1-19

四、考核标准

（一）考核形式

课堂上机操作。

（二）主要标准

（1）快捷键、工具栏、菜单、右键项及界面颜色是否能熟练设置。

（2）是否了解物体显示模式。

（三）课后作业

对3DS MAX软件尝试自由操作。

项目二：对象操作

一、基本知识

（一）物体变换

变换命令是更改对象的位置、旋转或缩放的最直接方式，包含了【移动】【旋转】和【缩放】工具。

（二）坐标系

"坐标系"列表，可以指定变换（移动、旋转和缩放）所用的坐标系，用于变换物体时所要指定X，Y，Z的方向。选项包括【视图】【屏幕】【世界】【父对象】【局部】【万向】【栅格】【工作】和【拾取】（图2-1）。

图2-1

1. 视图

【视图】是默认的坐标系，所有正交视图中的X，Y和Z轴都相同。使用该坐标系移动对象时，会相对于窗口空间移动对象。相对于背景X轴始终朝右；Y轴始终朝上；Z轴始终垂直于屏幕，指向用户（图2-2）。

2. 屏幕

将活动窗口屏幕用作坐标系，【屏幕】模式下的坐标系始终相对于观察点；X轴为水平方向，正向朝右；Y轴为垂直方向，正向朝上。Z轴为深度方向，正向指向用户（图2-3）。

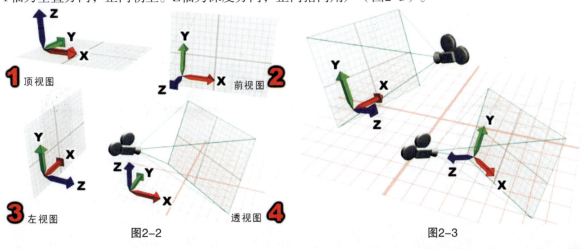

图2-2   图2-3

3. 世界

使用【世界】坐标系，从正面看：X轴正向朝右；Z轴正向朝上。Y轴正向指向背离用户的方向（图2-4）。

4. 父对象

使用选定对象的【父对象】的坐标系时如果对象未链接至特定对象，则使用世界坐标系（图2-5）。

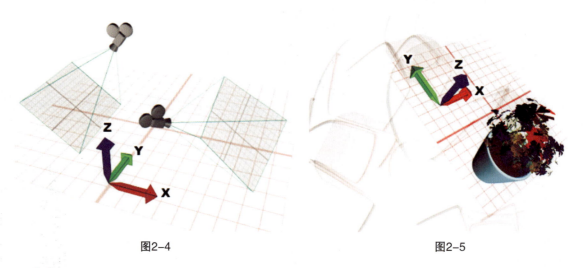

图2-4　　　　　　　　　　　　　　　图2-5

5. 局部

【局部】坐标系使用在特定于每个对象的单独坐标系中（图2-6）。

6. 万向

【万向】坐标系与【Euler XYZ】旋转控制器一同使用；它与【局部】坐标系类似，但其3个旋转轴之间不一定互相成直角。

7. 栅格

使用活动栅格的坐标系（图2-7）。

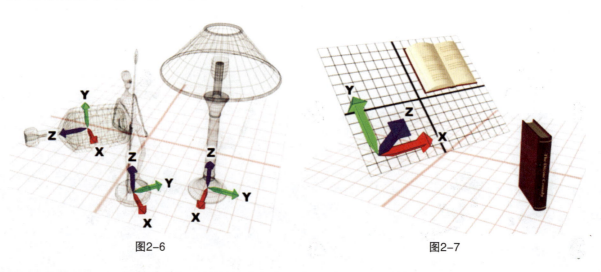

图2-6　　　　　　　　　　　　　　　图2-7

8. 工作

使用【工作】坐标系。即可以随时使用坐标系，无论工作轴处于活动状态与否。【工作】模式启用时，即为默认的坐标系。

9. 拾取

使用场景中另一个对象的坐标系。选择【拾取】后，单击要变换坐标系的单个对象，其对象的名称会显示在"变换坐标系"列表中（图2-8）。

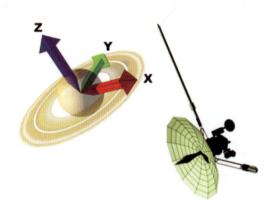

图2-8

（三）坐标轴点

坐标轴点，用于变换物体时所要指定轴点的位置。有3种方式：【使用轴点中心】【使用选择中心】【使用世界轴点中心】。

（1）【使用轴点中心】：可以围绕其各自的轴点【旋转或缩放】一个或多个对象。图2-9是【使用轴点中心】旋转物体得到的结果。

（2）【使用选择中心】：可以围绕其共同的几何中心【旋转或缩放】一个或多个对象。图2-10是【使用选择中心】旋转物体得到的结果。

（3）【使用世界轴点中心】：可以围绕当前坐标系的中心【旋转或缩放】一个或多个对象。如图2-11是【使用世界轴点中心】旋转物体得到的结果。

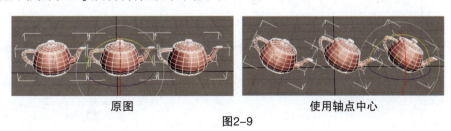

图2-9

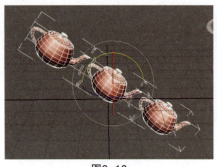
图2-10

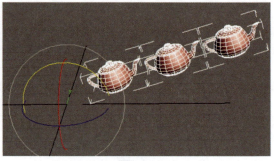
图2-11

（四）捕捉

（1）捕捉有助于在创建或变换对象时精确控制对象的尺寸和放置，分为【对象捕捉】【角度捕捉】【百分比捕捉】。

（2）【微调器捕捉】：用于控制物体数值的输入。

（3）【对象捕捉】用来捕捉物体的特定部分，如物体的顶点、端点、中点等。【对象捕捉】又分为【2D】【2.5D】【3D】这3种捕捉模式。【2D】【2.5D捕捉】主要在正交视图使用，【3D捕捉】主要用于透视图。

（五）层/命名选择集

（1）层，就像透明的图纸，可不断地叠加，便于用来管理不同的场景物体。

选择要创建层的物体，点【创建新层】，物体就放到新的图层了；通过层，可以【选择】层上的物体，可对层进行【隐藏】、【冻结】等设置；要转移物体到其他的层，先选中物体，在目标层上点击，再点按钮；要删除层，先把该图层上的物体选中，点按钮删除（图2-12）。

（2）使用选择集功能可以通过命名来选择对象，方便以后选择该对象。

选择要命名的物体，在【创建选择集】中点击，输入名字，按【Enter】完成。点【命名选择集】可以对创建的选择集进行管理（图2-13）。

图2-12　　　　　　图2-13

（六）选择过滤器

使用【选择过滤器】列表（图2-14），可以限制选择对象和组合的特定类型。

例如，选择【灯光】，则只能选择场景中的灯光物体（图2-15）。

（七）选择并操纵

使用【选择并操纵】工具，可以通过在视口中拖动【操纵器】，用来编辑某些对象、修改器和控制器的参数（图2-16）。

（八）键盘快捷键覆盖切换

键盘快捷键的【覆盖切换】功能可以在使用【主用户界面快捷键】【主快捷键】【组快捷键】（如编辑/可编辑网格、轨迹视图、NURBS等）之间进行切换。

图2-14

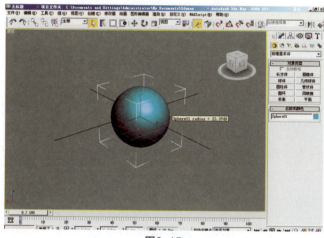

图2-15

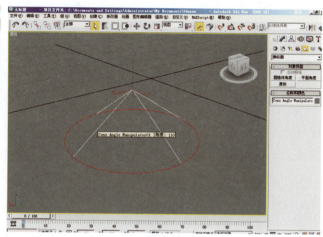

图2-16

二、基本技能

（一）对象的选择

要对一个物体进行命令操作，首先应该选中对象，选择对象的方式有如下两种。

（1）使用选择工具，点击物体；或者配合区域选择命令【矩形】，【圆形】，【围栏】，【套索】，【绘制】，选择进行框选；并且按住【Ctrl】可增加物体选择，按住【Alt】可减选。

（2）点击按名称选择工具，在物体列表里选择物体。

（二）移动、旋转、缩放工具

要对一个物体进行位置、方向、大小的改变，可使用变换工具。激活【移动】、【旋转】、【缩放】工具，物体上会显示一个坐标轴，坐标轴的3个轴线表示不同的轴方向，显示黄色的轴为当前工作的轴（图2-17）。缩放工具又分为【1D】【2D】【3D】缩放，【1D】缩放是指物体长、宽、高中的其中一个方向缩放，【2D】缩放为其中的两个方向缩放，【3D】为物体整体放大或缩小，显示的图标如图2-18所示；【移动】【旋转】【缩放】工具也可用来选择物体。

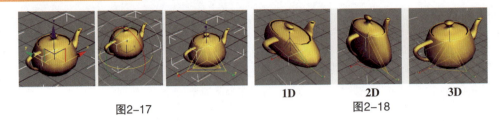

图2-17　　　　　　　　　　1D　　　2D　　　3D

　　　　　　　　　　　　　　　　图2-18

（三）变换输入

（1）在【移动】【旋转】或【缩放】工具按钮上点【右键】，可以显示输入【移动】【旋转】和【缩放】变换的精确值的对话框图2-19。

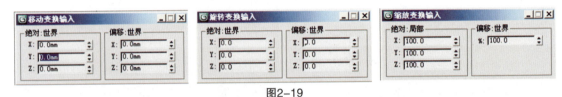

图2-19

【绝对】和【偏移】是指在两个不同的坐标轴系输入数值，在【绝对】输入工具中，物体的位置、角度、大小使用的是【世界】坐标轴系，以原点0，0，0为参考点，输入的数值是指物体与原点之间距离和角度或大小；而在【偏移】输入工具中，每次是以物体自身为参考点进行移动和旋转的。

（2）变换输入也可以使用【状态栏】中的【绝对模式变换输入】和【偏移模式变换输入】，原理同上。在【绝对模式变换输入】上点击，则切换到【偏移模式变换】（图2-20）。

　　　绝对模式变换输入　　　　　　偏移模式变换输入

图2-20

（四）交叉\窗口选择

点击【交叉模式】按钮可改变成【窗口模式】，使用【交叉模式】可以选择区域内的所有物体，以及与区域边界相交的任何物体。【窗口模式】只能选择选框内的物体（图2-21）。

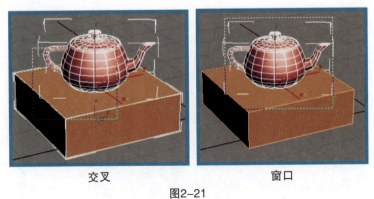

　　　交叉　　　　　　　　窗口

图2-21

三、综合技能

（一）物体的复制

按照作图任务的不同，物体的复制方法也有所不同，下面介绍两种复制物体的方法。

（1）选中物体，按住Shift键不放，激活【移动】【旋转】【缩放】工具的其中一个，沿着轴向拖动（图2-22）。

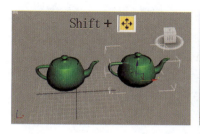  

图2-22

（2）选中物体，按【Ctrl】+【V】，表示原地复制。

在【克隆选项】（图2-23）中，【复制】表示克隆出独立的主对象，它与原始对象之间没有关系；【实例】表示克隆出与原对象参数关联的物体中，如修改原对象参数，则副本物体也会随着改变，反之亦然；【参考】与【实例】类似，但是它还可以在自身特有的修改器中，如修改原对象参数，副本物体会跟着改变，而副本物体使用修改器修改却不会影响原对象。

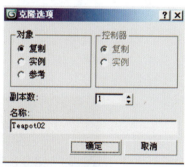

图2-23

（二）阵列、间隔

除了上面的复制方法外，【阵列】【间隔】【镜像】工具也是常用的复制方法，它可以通过数值来控制复制出来的物体之间的距离、角度和大小。

1. 阵列工具

选中要阵列的物体，在菜单栏上点【阵列】项。阵列操作步骤如下（图2-24）。

（1）点预览，可以看到调整的结果。

（2）选择阵列的维数和调整复制的数量，维数分别为【1D】【2D】【3D】。

（3）选择要复制物体的对象类型，有【复制】【实例】【参考】等3种选项。

（4）选择要复制的方式调节数值，有【移动】复制、【旋转】复制、【缩放】复制。

（5）【增量】和【总计】是两种不同的数值计算方法，【增量】是指单个物体之间值，【总计】是指复制出来的物体总和数值。如一个球沿着X轴移动复制5个，每个球之间的距离为200mm，如用增量调节，则在X处输200，如用总计调节，则在X处输1 000。

2. 间隔工具

选中要间隔的物体，在菜单栏点【工具】，点【对齐】项，选择【间隔】工具，或按【Shift】+【I】键，弹出【间隔工具】（图2-25）对话框。间隔工具有以下两种使用方法。

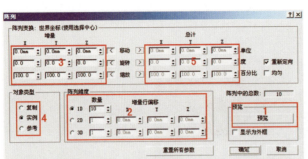
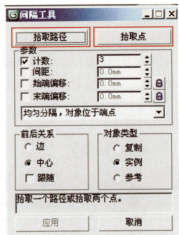

图2-24　　　　　　　　　图2-25

用法一，操作步骤如下（图2-26）：

（1）选择物体，点击【拾取点】。

（2）在视图上点击一个点后松开，可以看到一根蓝色的线被拉出，再到视图上点击另一个点。

（3）在第一个点到第二个点之间建立了一个间隔复制。

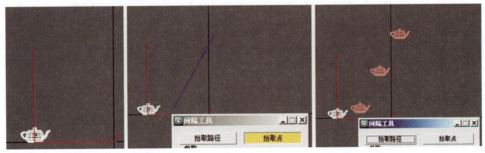

图2-26

用法二，操作步骤如下（图2-27）。

（1）选择物体，点击拾取路径。

（2）在视图中点取画好的路径线，间隔完成。

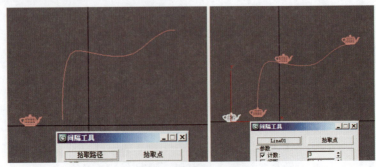

图2-27

（三）对齐系列工具

对齐系列工具提供了6种不同的对齐方式。

在【对齐】按钮上按住左键不放，弹出对齐系列工具。

1. 对齐

对齐可以将当前选择物体与目标物体进行对齐。选中要对齐的物体，点【对齐】工具，在目标物体上点击，弹出【对齐当前选择】对话框（图2-28）。对齐要注意以下两点。

（1）轴向。

对齐是对当前选择物体进行位置移动的过程，所以先要确定沿着什么轴向移动。如上下对齐，则勾【Z位置】复选框。

（2）物体的部位。

对齐工具可以对物体的4个部位【最小】【中心】【轴点】【最大】进行对齐。

【最小】表示X/Y/Z轴的负值方向的物体边缘处。

【中心】表现物体的中心点。

【轴点】表示物体的坐标轴点。

【最大】表示X/Y/Z轴的正值方向的物体边缘处。

图2-29是不同的几种对齐结果。

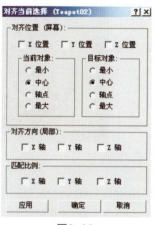

图2-28

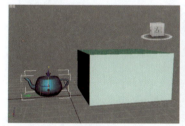
原图

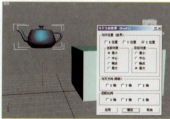
勾【Z位置】，表示上下对齐；当前对象【最小】表示壶的底；目标对象【最大】表示长方体的顶。

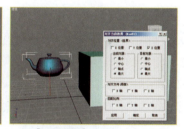
勾【Z位置】，表示上下对齐；当前对象【最大】表示壶的顶；目标对象【最大】表示长方体的顶。

勾【Z位置】，表示上下对齐；当前对象【最大】表示壶的顶；目标对象【最小】表示长方体的底。

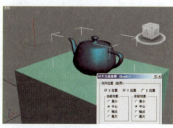
勾【X位置】【Y位置】，表示在XOY平面对齐；两个【中心】表示壶和长方体的中心对齐。

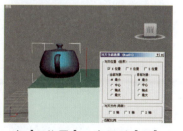
勾【X位置】，表示以【X】为轴左右对齐；当前对象【最小】表示壶的左边缘；目标对象【最小】表示长方体的左边缘。

图2-29

2. 快速对齐

点选【快速对齐】按钮可把当前对象的【轴点】位置与目标对象的【轴点】位置立即对齐。

3. 法线对齐

【法线对齐】工具是依照物体表面的【法线】方向对齐，如图2-30所示。操作步骤如下。

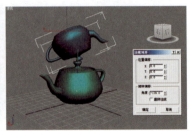

图2-30

（1）选中需要用法线对齐的源物体。

（2）点【法线对齐】工具，在源物体上点击拖动，出现一条垂直于面的蓝线。

（3）再到目标物体上点击拖动，目标物体出现一条垂直于面的绿线，放开鼠标，弹出【法线对齐】对话框，可调节参数。

4. 放置高光、对齐摄影机、对齐视图

【放置高光】工具可将灯光或物体对齐到另一物体，以便可以精确定位其高光或反射。

【对齐摄影机】工具把摄像机对齐到物体面的法线，用来对摄像机进行定位。

【对齐视图】工具可将物体对齐到当前视图。

（四）物体的隐藏和显示、冻结

1.【隐藏和显示】

按照不同的作图需要，在场景中隐藏和显示物体，可使用以下方式隐藏和显示物体。

方式一：【按类别隐藏】（图2-31）

（1）点【显示面板】；

（2）在【按类别隐藏】项，勾选需要隐藏的物体类别。如勾【图形】，则图形物体将不可见。

（3）把物体类别前的钩去掉，场景中将又显示该类别物体。

方式二：【隐藏】（图2-32）

（1）点【显示面板】；

（2）在【隐藏】项，可点前4个命令用来隐藏物体，可点后两个命令用来显示物体。

方式三：右键（图2-33）

选中需要隐藏的物体，在视图空白处点右键，点【隐藏当前选择】；点【全部取消隐藏】，将显示所有隐藏物体。

图2-31　　　　图2-32　　　　图2-33

2. 【冻结】

冻结可以让对象不被选择和编辑，但是会显示在场景中，冻结的物体显示为深灰色。

用以下方式冻结和解冻物体。

方式一：使用【显示面板】中的【冻结】项（图2-34），前4个命令分别为不同的冻结方法，后3个命令为不同的解冻方法。

方式二：【右键】（图2-35）

选中需要冻结的物体，在视图空白处点【右键】，点【冻结当前选择】；点【全部解冻】，将所有冻结物体解冻。

（五）孤立模式

选中物体，按【Alt】+【Q】键；或在视图中点【右键】，点【孤立当前选择】（图2-36）可暂时隐藏没有选中的物体。点【退出孤立模式】（图2-37），将显示所有物体。

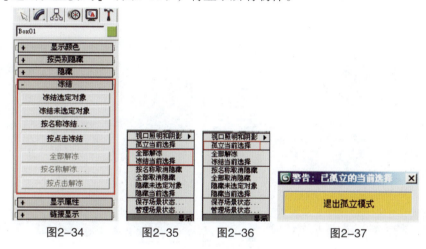

图2-34　　　　图2-35　　　　图2-36　　　　图2-37

（六）实例

（1）在【创建面板】的【几何体】工具中，用【圆锥体】在透视图创建一个凳子台面（图3-38）。点【移动】工具，沿着Z轴往上移动（图2-39）。

（2）在顶视图，利用【长方体】工具创建一条长方体的凳腿（图2-40），按住【Shift】键，用【移动】工具沿着Y轴拖动，复制一条腿（图2-41）。

（3）使用【Ctrl】键，加选创建出来的两条腿；点【旋转】工具，点【角度捕捉】，按住【Shift】键，沿着Z轴旋转90°（图2-42），放开鼠标，弹出【克隆选项】对话框，点【确定】按钮，得到如图2-43所示的结果。【角度捕捉】工具的作用是：使用【旋转】工具时，每隔5°作旋转。

（4）选中4条凳腿，点【对齐】工具，再点凳子台面，弹出【对齐当前选择】对话框，勾选【Z位置】，当前对象选择【最大】，目标对象选择【最小】，点【确定】（图2-44）。选中相对应的两条腿，对齐台面，勾选【X位置】轴，选择两个【中心】，点【确定】（图2-45）。

（5）用步骤（2）的方法复制一个长方体（图2-46）；点【缩放】工具，沿着Z轴缩小高度（图2-47），用【移动】工具沿着Z轴方向移上去，再沿着X轴方向伸长（图2-48）。

（6）按住Shift键，打开【角度捕捉】工具，用【旋转】工具沿着Z轴转90°，复制一个长方体（图2-49）。

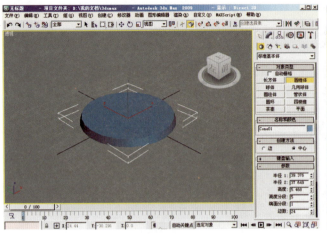
图2-38

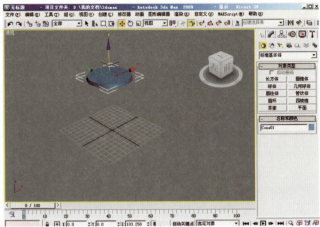
图2-39

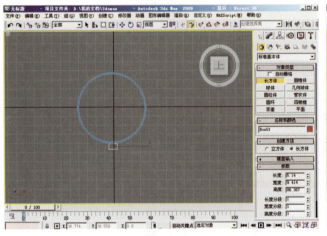
图2-40

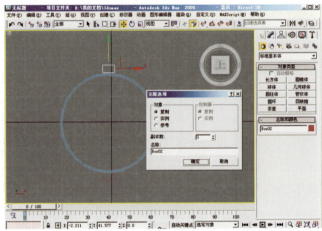
图2-41

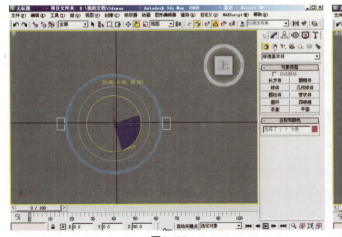
图2-42　　　　　　　　　　　　　　图2-43

项目二：对象操作

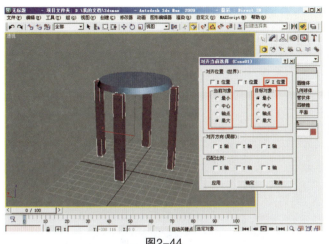

图2-44　　　　　　　　　　　　　图2-45

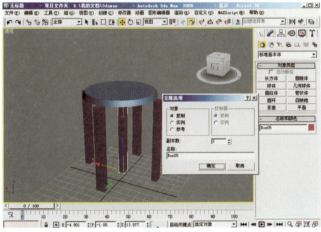 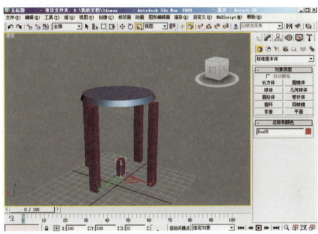

图2-46　　　　　　　　　　　　　图2-47

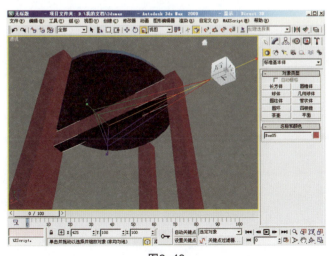

图2-48　　　　　　　　　　　　　图2-49

（7）选中中间的两个长方体，利用【对齐】工具，将台面对齐，勾选【Z位置】，当前对象选择【最大】，目标对象选择【最小】（图2-50），点【确定】，得到如图2-51所示的图像。

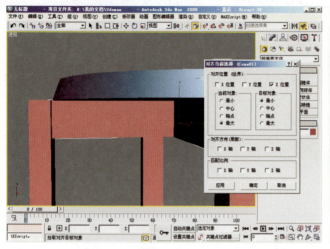

图2-50

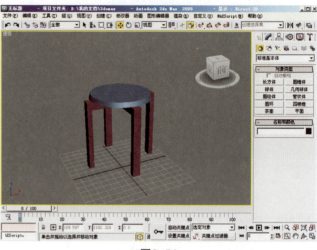

图2-51

四、考核标准

（一）考核形式

课堂上机操作。

（二）主要标准

是否能熟练应用变换、复制、阵列、对齐等工具。

（三）课后作业

找一些简单的室内家具图，如沙发、柜子，运用所学知识建立模型。

项目三：基础建模

一、基本知识

（一）几何体

场景中实体3D对象和用于创建它们的工具，称为几何体，几何体的造型简单实用，经常配合着【变换】【复制】【对齐】【阵列】【镜像】等命令进行拼凑建模，几何体工具列表如图3-1所示。

（二）图形

图形是由一条或多条曲线或直线组成的对象。在图形中，画线应注意如下几点（图3-2）。

（1）画线应在正交视图中进行，因为在透视图画线不准确。

（2）画直线时先点击一个点，再点击另一个点；画曲线时，点击鼠标后拖住不放，从而调整曲线造型；要画平行线或垂直线按住【Shift】键不放。

（3）在画的过程中，如线画错，可点【退格】键依次退回点；如画的视口不够，可按一下【I】键。

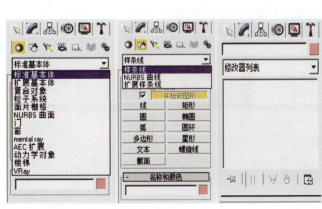

图3-1

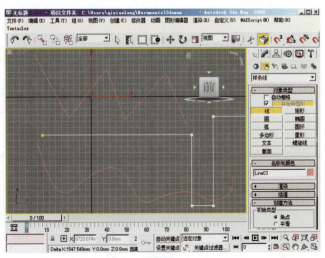

图3-2

(三)修改面板

在视图中创建了物体后,可以在【修改面板】中更改物体的参数,也可以指定修改器给物体。修改面板各图标的作用如下。

1. 锁定参数

【锁定参数】命令可以锁定选中物体的参数且一直保留在修改面板中,即使选择了视口中的另一个物体,也可以继续对被锁定物体进行编辑,直到切换到了其他的面板。

2. 显示最终结果

在物体上增加了一个以上的【修改器】命令,此选项才能起作用。在图3-3的左图中,【挤出】上面还有【挤压】【壳】等修改器,但没有点显示最终结果,视口中只显示了【挤出】的结果;右图中,点了【显示最终结果】,视口中显示了整个物体的造型。

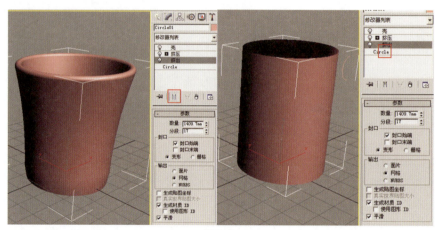

图3-3

3. 使唯一

【使唯一】选项可以把【实例】复制出来的物体断开参数上的关联,使每个物体彼此唯一。

4. 移除修改器

【移除修改器】工具可以删除当前修改器或取消绑定当前空间扭曲。

5. 配置修改器集

显示修改器快捷按钮和自定义修改器快捷按钮,点【配置修改器集】,点【显示按钮】(图3-4),选择要显示的类别选项;点【配置修改器集】,弹出配置修改器集对话框(图3-5);设置【按钮总数】(图3-6),可以把左边的命令拖到右边的空白按键上,或者把右边不用的按钮往左边拖,可以将按钮上的命令删除。

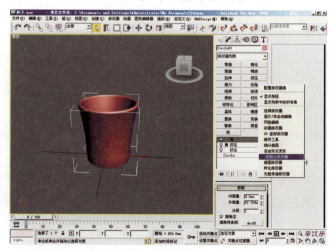

图3-4

项目三：基础建模

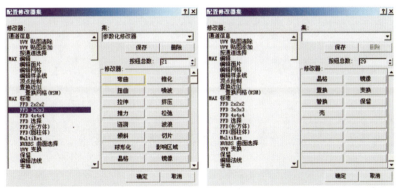

图3-5　　　　　　　　　　　图3-6

二、基本技能

（一）挤出

1. 造型Ⅰ

（1）在【自定义】菜单中找到【单位设置】，选择【公制】【毫米】，点【确定】。在前视图画【矩形】（图3-7）；选中所画矩形，在【修改面板】中修改参数（图3-8）。

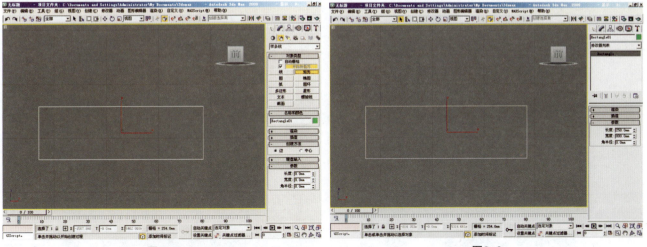

图3-7　　　　　　　　　　　图3-8

（2）选中该矩形，在【修改器列表】中添加【编辑样条线】修改器，激活【样条线】子级，在视图中选择样条线，在【轮廓】命令后输入数值"50"，回车（图3-9）。

（3）在前视图用【线】工具画出造型（图3-10），用步骤（2）的方法做出造型（图3-11）；选中两条线，在【修改器列表】中，添加【挤出】修改器，调整【数值】大小，得到如图3-12所示的造型。

2. 造型Ⅱ

在【创建面板】的【图形】工具中，去掉【开始新图形】 复选框的勾，可以让多根线条附加成一个物体，如图3-13所示；当封闭的线条造型内部包含一条或多个封闭线条时，使用【挤出】工具时，重叠部分将被剪掉，如图3-14所示。

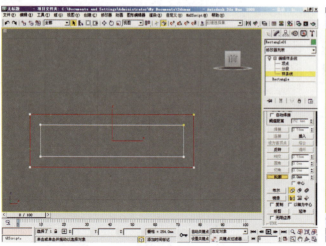
图3-9

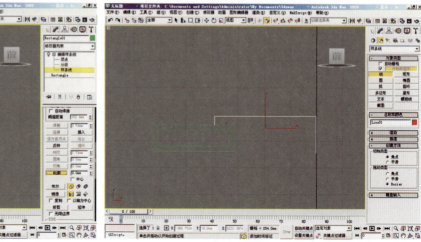
图3-10

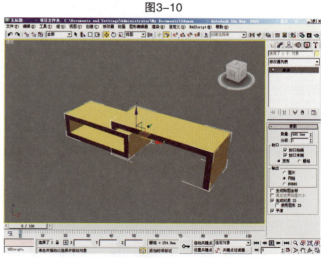
图3-11 图3-12

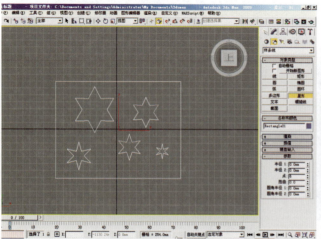
图3-13

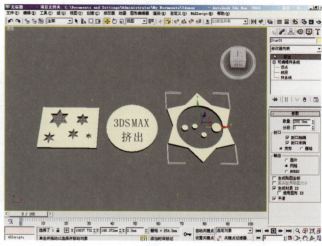
图3-14

（二）线渲染

（1）在顶视图创建矩形（图3-15）；点【移动】工具，按住Shift键，沿着Z轴方向拖动复制一个矩形（图3-16）。

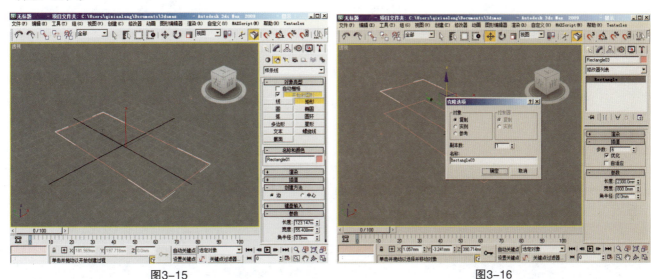

图3-15　　　　　　　　　　　　　　　图3-16

（2）选中其中一个矩形，添加【编辑样条线】修改器（图3-17），点【附加】按钮，然后点击另一个矩形（图3-18）。

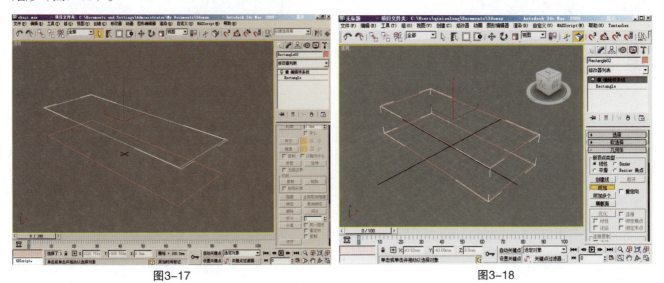

图3-17　　　　　　　　　　　　　　　图3-18

（3）选中线条，添加【横截面】修改器，选择【线性】参数（图3-19）；再添加一个【可渲染样条线】修改器，勾选【在渲染中启用】和【在视口中启用】，选择【矩形】并调节参数（图3-20）。

（4）用长方体创建造型的底部和顶部，调整好大小（图3-21）；给物体指定材质后，得到图3-22所示的造型。

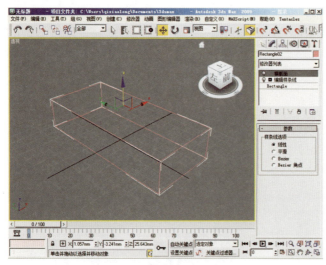

图3-19　　　　　　　　　　　图3-20

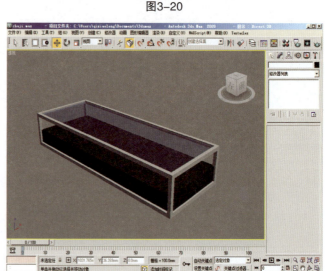

图3-21　　　　　　　　　　　图3-22

（三）线的编辑

（1）在前视图画一个矩形，调节尺寸，如图3-23所示，添加【编辑样条线】修改器，在【分段】子级中，先选中两根垂直段，把【拆分】命令后面的值设成"3"，点【拆分】，如图3-24所示。

（2）到【顶点】子级中，框选中间的点，点右键，把点的属性改成【平滑】，如图3-25所示。

（3）选中中间的点，用【缩放】工具，选择【使用选择中心】（图3-26），沿着X和Y轴缩放造型（图3-27）。

（4）选中4个角的点，点右键，把点的属性改为【角点】（图3-28）。

（5）调整好造型后，在【样条线】子级中用【轮廓】给它一个厚度（图3-29）。

（6）在前视图画造型的中间（图3-30）；然后到【样条线】子级下用【轮廓】给它一个厚度（图3-31）；再点【修剪】工具，把相交多余的部分剪掉（图3-32）。

项目三：基础建模

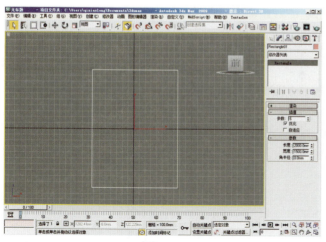

图3-23

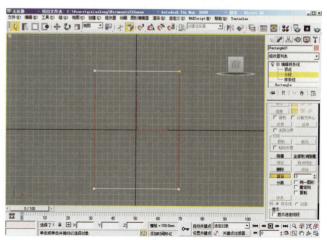

图3-24

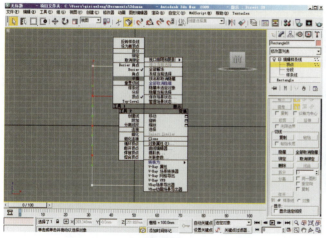

图3-25

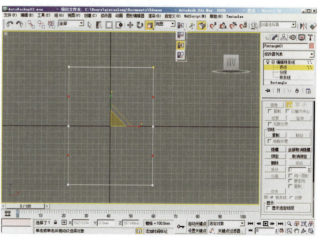

图3-26

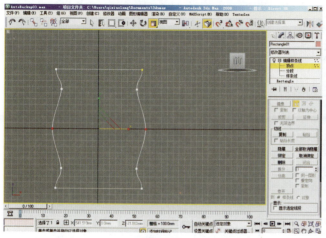

图3-27

图3-28

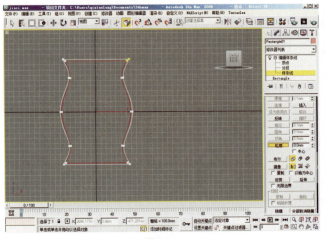

图3-29　　　　　　　　　　　　　　图3-30

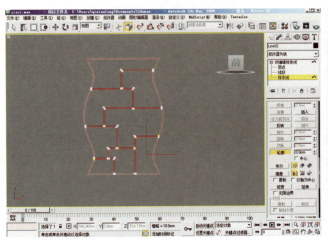

图3-31　　　　　　　　　　　　　　图3-32

（7）剪切完成后再切换到【顶点】子级中，框选所有的顶点，点【焊接】（图3-33）。【焊接】工具可将两个顶点或同一样条线中的两个相邻顶点结合为一个顶点。

（8）【焊接】完成后，退出【顶点】子级；框选两条线，在【修改器列表】中，添加【挤出】修改器，调节各参数（图3-34）。

（四）扫描

（1）在前视图画矩形，并设置大小（图3-35）；再接着画不同大小的圆，圆跟圆之间相接，画好后如图3-36；选中矩形，在视图上点【右键】，转换为可编辑的样条线（图3-37）。

（2）在【修改面板】点【附加多个】，在列表里用【Ctrl】+【A】键全选物体，点【附加】按钮，（图3-38）；接着在【样条线】子级里，点【修剪】，把多余的剪掉（图3-39）；选中外面的矩形，点【分离】，直击【确定】（图3-40）。

项目三：基础建模

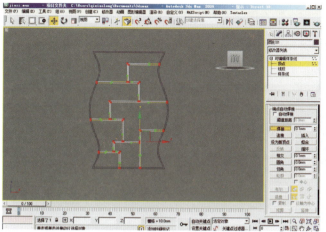

图3-33

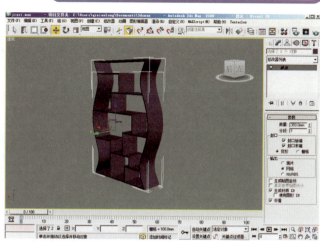

图3-34

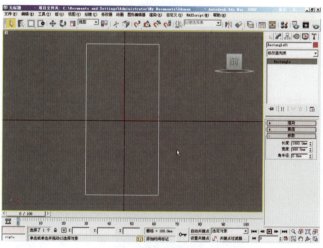

图3-35

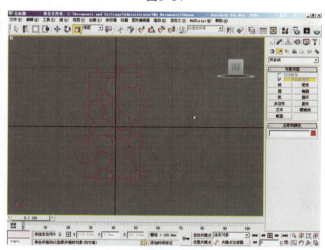

图3-36

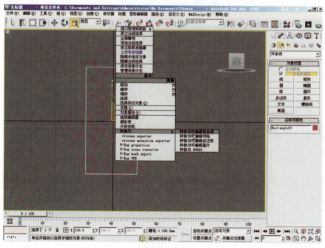

图3-37

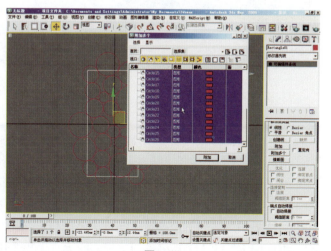

图3-38

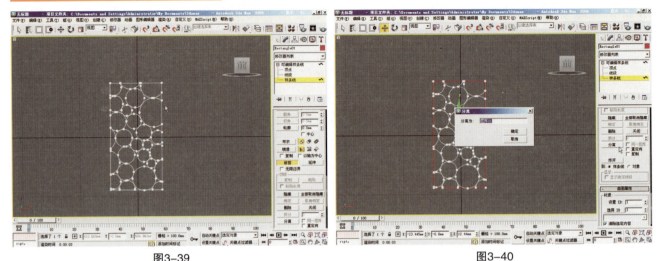

图3-39　　　　　　　　　　　　　　图3-40

（3）选中圆造型，添加一个【扫描】修改器，在【内置截面】里选择【条】，调节【长度】【宽度】【角半径】参数（图3-41）。调节好后，把这个修改器拖给外面矩形，再调节矩形的长、宽、角半径参数（图3-42）。注意：如果按住【Ctrl】键拖动【修改器】给另一个对象，两个物体使用的共同修改器将变成【实例】的关系。

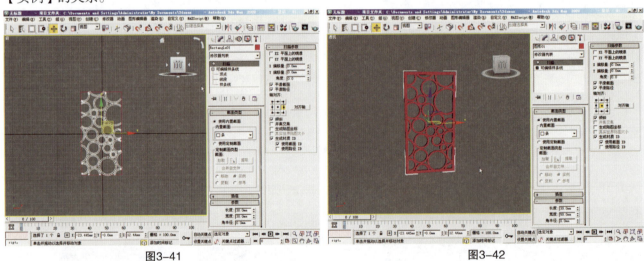

图3-41　　　　　　　　　　　　　　图3-42

（五）倒角剖面

1. 造型 I

（1）在前视图画一个大矩形，在顶视图画一个小矩形（图3-43）。

（2）选中小矩形和【转换成可编辑样条线】（图3-44），到分段里去选中一个小段，设置【拆分】为"5"，点【拆分】（图3-45）；用【移动】工具调整好造型（图3-46）。

（3）选中大矩形，在【修改器列表】中选择【倒角剖面】修改器，点【拾取剖面】按钮，在小矩形上点击，结果如图3-47所示；在【倒角剖面】的【剖面Gizmo】子级中，用【移动】工具沿着X轴可以调整外框的大小；用【缩放】工具可以调整剖面的大小；用【旋转】工具可旋转剖面的角度（图3-48）。

项目三：基础建模

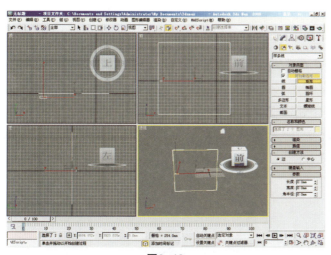

图3-43

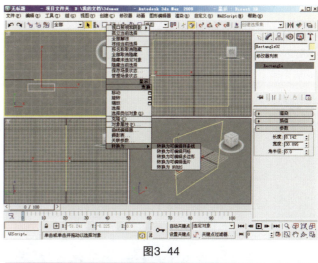

图3-44

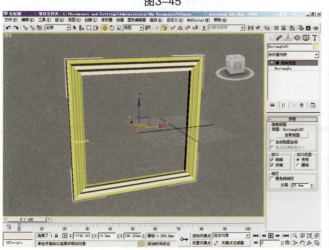

图3-45

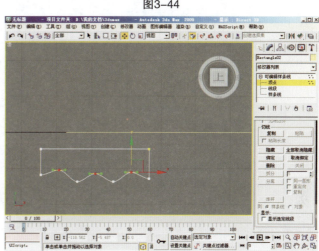

图3-46

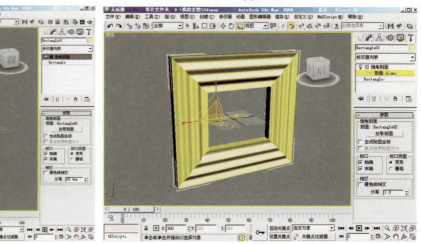

图3-47　　　　　　　　　　　　　　　图3-48

2. 造型 Ⅱ

在前视图画大矩形，在顶视图用【线】工具画一个造型，不要封闭线条（图3-49），而且左边的端点务必要比右边的端点低；选中大的矩形，添加【倒角剖面】修改器，点【拾取剖面】按钮，生成结果如图3-50所示。

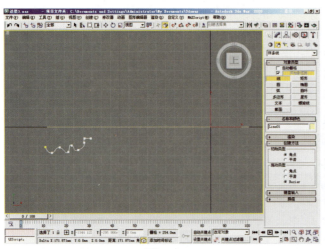

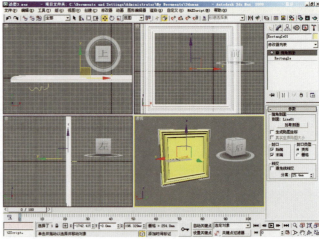

图3-49　　　　　　　　　　　　　　　　　图3-50

（六）车削、壳

实例：黑釉花插

（1）激活前视图，按【Alt】+【B】键，打开【视口背景】，点【文件…】，找到黑釉花插图片，不要勾选【序列】，点【打开】（图3-51）。

（2）在【视口背景】对话框中选择【匹配位图】，勾选【锁定缩放/平移】，点【确定】按钮；图片就显示在前视图中（图3-52），滚动鼠标滚轮，可以发现图片随着视图在缩放；点【G】键，关闭格线。

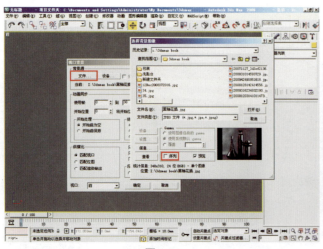

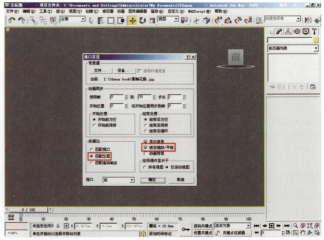

图3-51　　　　　　　　　　　　　　　　　图3-52

（3）找到【创建面板】中的【图形】，依照图片画出造型剖面线条（图3-53）；在【顶点】子级中，选中尖锐的顶点，点【倒角】命令后，把鼠标移到顶点，按住鼠标左键往上拖动，给线倒角。

（4）选中其中的一条线，到【修改器列表】中，添加【车削】修改器，设置如图3-54所示。

图3-53

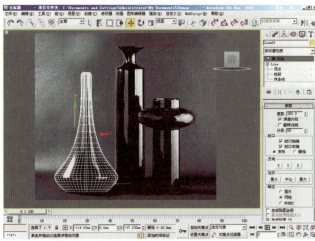

图3-54

（5）选中其他两条线，依次在【车削】修改器中，设置相同的参数（图3-55）。

（6）切换到【创建面板】，点【图形】，点【弧】，在前视图画一个半圆的造型线，注意弧形方向，如图3-56所示。

图3-55

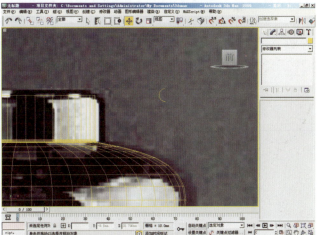

图3-56

（7）选中3个物体，在【修改器列表】中，选择【壳】修改器，调节【内部量】数值，增加物体的厚度；勾选【倒角边】，点倒角样条线【None】，再点弧形（图3-57），黑釉花插既有了厚度又有了圆口（图3-58）。注意：如果倒角的方向不对，是因为圆弧的方向所致，可选中弧线，在修改面的参数中，勾选【反转】反转。

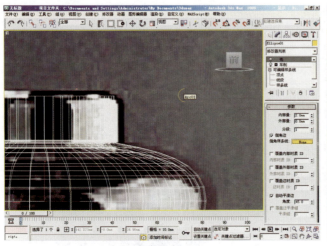

图3-57　　　　　　　　　　　　　　图3-58

（七）FFD、编辑多边形

实例：花插陶艺

（1）激活前视图，按Alt+B键，打开【视口背景】，点【文件...】，找到花插陶艺图片，不要勾选【序列】，点【打开】。

（2）在【视口背景】中选择【匹配位图】，勾选【锁定缩放/平移】，这样图片就显示在前视图中，滚动鼠标，可以发现图片随着视图在缩放，点G键，关闭格线（图3-59）。

（3）在透视图中创建一个圆柱，用【移动】工具调整好位置，调节好圆柱的大小、分段等，设置参数如图3-60所示。注意：在设置【高度分段】时数值应该多一些，因为使用【FFD】修改造型时，段数太少，调整出来的造型将不光滑。

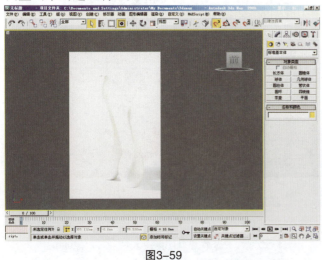　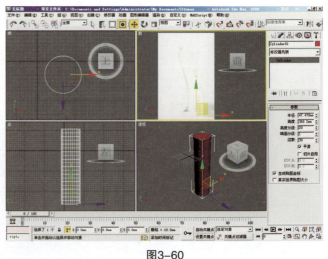

图3-59　　　　　　　　　　　　　　图3-60

（4）选中圆柱，到【修改器列表】中找到【FFD（长方体）】，点【设置点数】，设置【高度】为"8"（图3-61）。【FFD】修改器分为【FFD 2×2×2】【FFD 3×3×3】【FFD 4×4×4】和【FFD立方体】【FFD圆柱体】共5种，前3个修改器在于控制点的数量不同，而后两个修改器可以按需要自定义控制点的数量。

（5）激活【FFD（长方体）】的【控制点】子级，框选一的控制点（图3-62）；使用【缩放】工具，用【3D缩放】把控制点放大或缩小。配合着【移动】工具，左右移动，调整位置（图3-63）；对每一圈的控制点进行调节后，得到结果如图3-64所示。

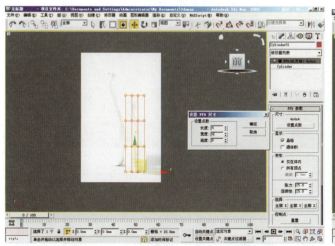

图3-61

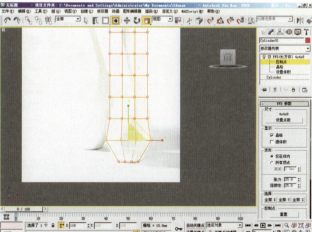

图3-62

图3-63

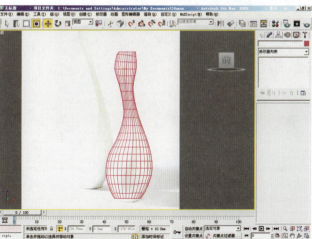

图3-64

（6）局部调整，增加【编辑多边形】修改器，激活顶点，选中要调整的点，用【缩放】【移动】【旋转】工具调整造型。注意：一定要一圈一圈地调整，要用【3D缩放】，以免调整时破坏了造型，如图3-65所示。

（7）在多边形编辑中，一定要按【F4】键显示边面，可以看到结构线的分布。做花插厚度，先在【编辑多边形】中激活多边形，选中最上面的面，按【Delete】键删除面（图3-66）。

（8）把视图旋转至物体底部，选中物体底面，用【插入】命令，把鼠标移到面上拖动，拖动鼠标3次（图3-67）。

（9）添加一个【壳】修改器，调整【内部量】数值，在【分段】处输"2"（图3-68），添加一个【网格平滑】修改器（图3-69）。

（10）复制一个花插，用【缩放】【移动】工具调整大小和位置（图3-70）。

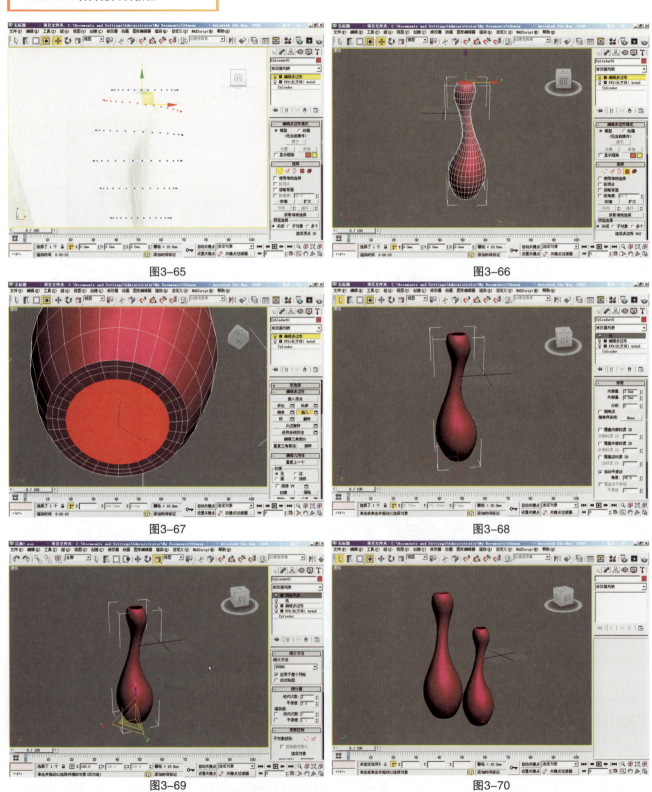

三、综合技能

（一）茶几

（1）在【自定义】菜单中，点【单位设置】，选择【公制】【毫米】（图3-71）。在透视图中创建球，到【修改面板】修改球的半径和分段，勾选【切片启用】，设置【切片从】为"40.0"（图3-72）。在创建面板【原始物体】中，【球】【圆柱】【圆环】【圆锥体】【管状体】都有切片启用参数，可以根据造型需要进行调节（图3-73）。

（2）选中圆球，在【修改器列表】中，添加【切片】修改器，在【切片参数】中勾选【移除顶部】，把球体的上半部去掉，（图3-74）；用【移动】工具，在【切片】修改器的子级中，选中【切片平面】，在【绝对模式输入变换】的【Z轴】输入"250"（图3-75）。

（3）再添加一个【切片】修改器。把切片参数调为【移除底部】，激活【切片平面】，点【移动】工具，在【绝对模式变换输入】的【Z轴】输入"-250"（图3-76）。

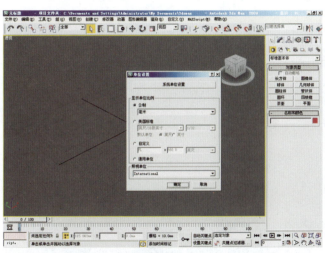

图3-71

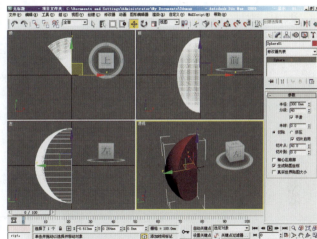

图3-72

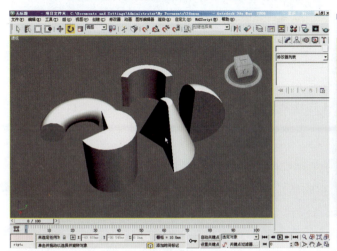

图3-73

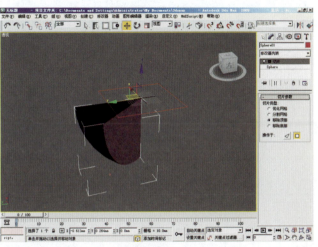

图3-74

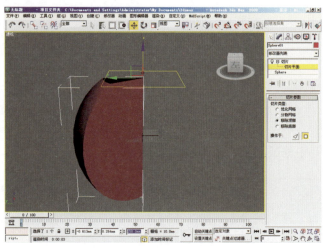

图3-75　　　　　　　　　　　　　　　图3-76

（4）添加一个【编辑多边形】修改器，在【顶点】子级中，框选中心一排点（图3-77），点【Delete】键删除，得到如图3-78所示的造型。

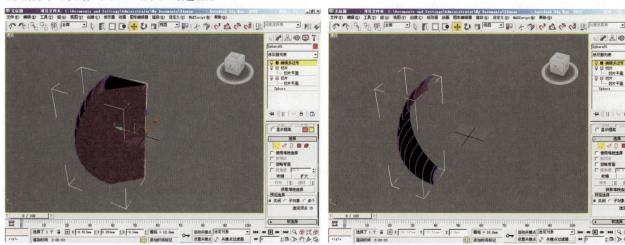

图3-77　　　　　　　　　　　　　　　图3-78

（5）添加一个【壳】修改器，调节【内部量】或【外部量】的数值，使用【壳】工具可以用来增加物体的厚度（图3-79）。

（6）复制物体，选中造型，点【旋转】工具，开【角度捕捉】，按住Shift键不放，沿着Y轴转动，转到45°时，放开鼠标（图3-80）。在【克隆选项】中，选择【实例】，把【副本数】调为"7"（图3-81），点【确定】，如图3-82所示。

（7）选中所有物体，在【组】菜单中，点【成组】（图3-83）。

（8）在顶视图创建一个【圆柱】，调整参数如图3-84所示。选择成组物体，点【对齐】工具，再到圆柱物体上点一下，弹出【对齐当前选择】面板，勾选【X位置】【Y位置】轴，在当前对象和目标对象中分别点【中心】和【应用】（图3-85）；再勾选【Z位置】，在当前对象中选择【最大】，在目标对象中选择【最小】，点【确定】（图3-86）。

项目三：基础建模

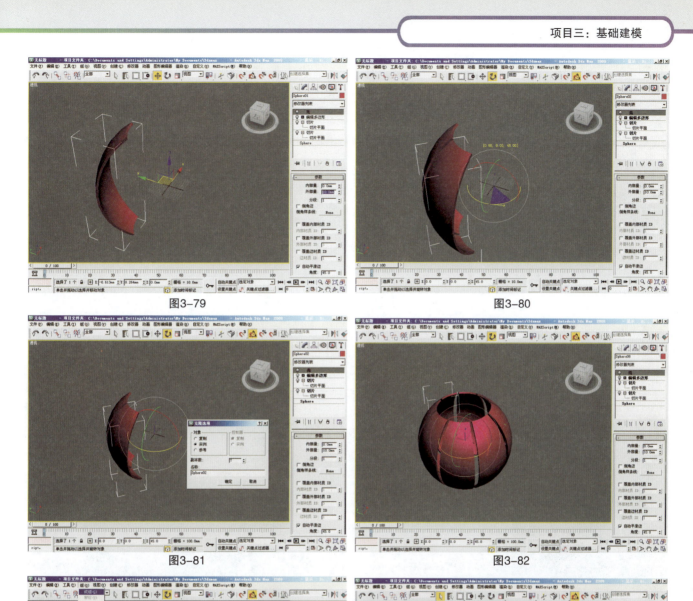

图3-79　　　　　　　　　　　　　　　图3-80

图3-81　　　　　　　　　　　　　　　图3-82

图3-83　　　　　　　　　　　　　　　图3-84

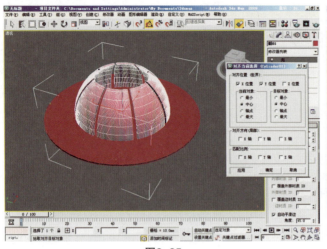
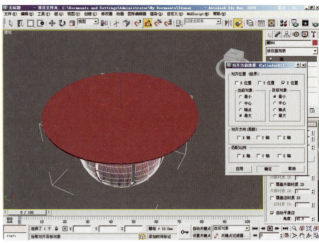

图3-85　　　　　　　　　　　　　　　图3-86

（9）点【材质编辑器】按钮，或者点【M】键，弹出【材质编辑器】；选中一个材质球，按住鼠标不放拖给【场景中的圆球】，材质球上出现了一个空心的白色三角■，表示材质指定给了物体。把【漫反射】颜色调为蓝色。把【不透明度】调为"30"（图3-87），得到效果如图3-88所示。

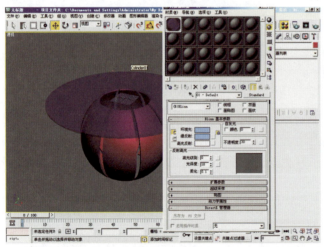
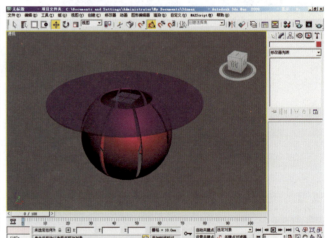

图3-87　　　　　　　　　　　　　　　图3-88

（二）落地灯

（1）在前视图画一条直线，在顶视图画圆和矩形，设置好他们的参数（图3-89）。

（2）选中直线，在【复合对象】中点【放样】，点【获取图形】，选取矩形，得到如图3-90结果；再把【路径】调节到"100"，点【获取图形】，选取圆，得到一端是矩形，另一端是圆形的实体。如图3-91所示。

注意：放样中的【路径】参数"0"，表示路径的起点，参数"100"表示路径的末点，如上操作，表示在直线的起点处，放置了一个矩形，在直线的末点放置了一个圆，"0～100"的数值表示直线中的不同位置，【获取图形】表示可以在不同的位置上放置不同的造型。

（3）在【修改面板】中，点【放样】的子级【图形】，可以通过【旋转】工具选择放样中矩形或圆，对造型进行微调方向，也可以用【移动】工具或调节【路径级别】来调整造型的位置，如图3-92。

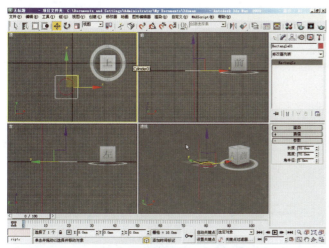

图3-89　　　　　　　　　　　　　　　　图3-90

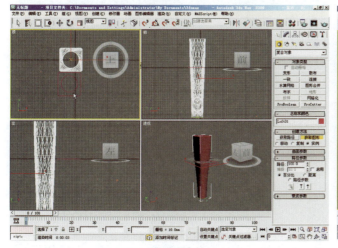

图3-91　　　　　　　　　　　　　　　　图3-92

（4）退出【图形】子级，在【变形】项，点【缩放】（图3-93）弹出【缩放变形】对话框，可以调整放样的大小。在红色的直线左端处点【右键】，更改点的属性，把它改成【Bezier-角点】，通过调节手柄，可以调整放样的造型，如图3-94。

（5）在【蒙皮参数】中，调节【图形步数】和【路径步数】可以调整造型的光滑度，如图3-95。

（6）在【放样】的【路径】中，可以对直线路径进行修改（图3-96）。

（7）在前视图画一条斜长线和一条短垂直线，选中长的斜线（图3-97）；在【修改面板】中，点【渲染】栏，勾选【在渲染中启用】和【在视口中启用】，线条就变成了一根圆管实体，在【厚度】中设置圆管的大小，【边】可以调整圆管的切面光滑（图3-98）；再把短线选中，操作如上，把它的厚度设置的比长线的厚度大一些，如图3-99。

（8）选中两根线条，在【组】菜单下，点【成组】，如图3-100。

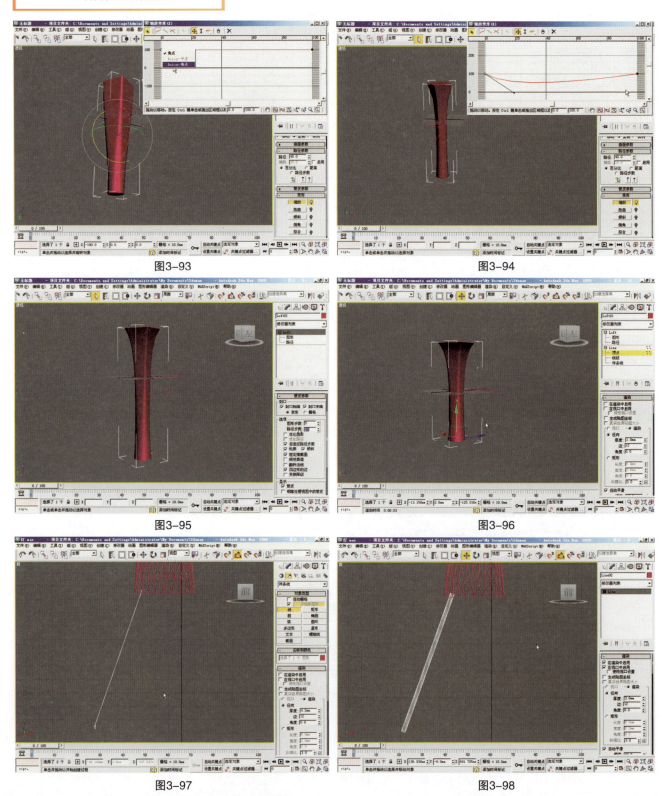

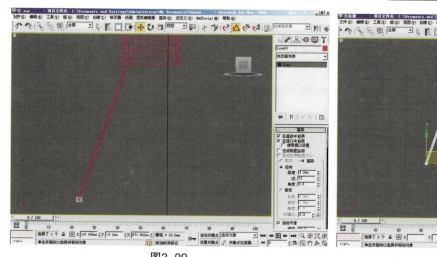

图3-99

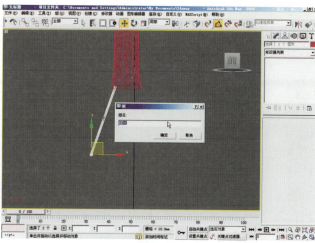

图3-100

（9）选中群组物体，点【对齐】工具，在放样物体上点击，弹出【对齐当前选择】，设置如图3-101所示。

（10）选中群组物体，在【层级】面板中，点【仅影响轴】，再点【对齐】工具，在放样物体上单击，设置弹出的【对齐当前选择】如图3-102，确定完成后，把【仅影响轴】关闭。

（11）用【旋转】工具，打开【角度捕捉】，沿着Z轴旋转，转到120°时放鼠标（图3-103），在【克隆选项】中，选【实例】，【副本数】调为"2"，复制另外两个物体，得到结果如图3-104。

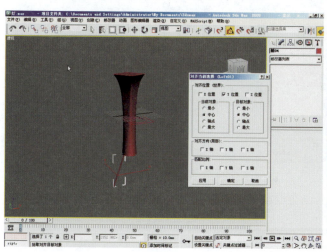

图3-101

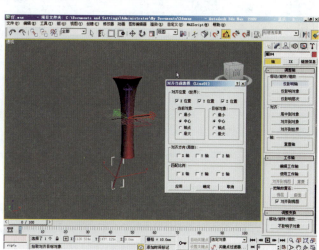

图3-102

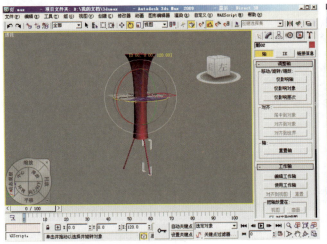
图3-103

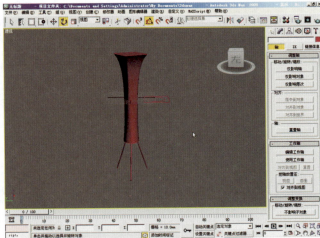
图3-104

（三）古典家具

（1）在前视图按【Alt】+【B】，点【文件...】选择家具图片，点打开。选择【匹配位图】，勾选【锁定缩放/平移】（图3-105），点【确定】，按【G】键关闭格线，如图3-106。

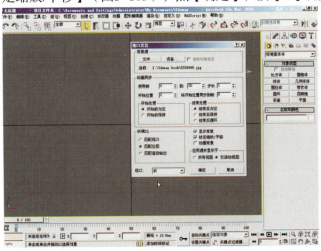
图3-105　　　　　　　　　　　　　　　　图3-106

（2）在前视图，沿着图片画一条曲线（图3-107），在顶视图画3个矩形，分别设置它们的大小和角半径（图3-108）。

（3）选中曲线，在【复合对象】中点【放样】，点【获取图形】（图3-109），在大矩形上点击；把【路径】改为"98"，到小矩形上点击；再把【路径】改为"100"，在创建方法下面选择【复制】，点【获取图形】，到小矩形上点击。得到造型，如图3-110。

（4）选中放样物体，到修改面板中，点【图形】，用【旋转】工具在放样物体上框选3个矩形，开【角度捕捉】，沿着Z轴转45°，得到造型如图3-111。

（5）在【图形】子级中，选择最下面的矩形，用【旋转】【移动】工具进行调整，得到如图3-112的结果。

项目三：基础建模

图3-107

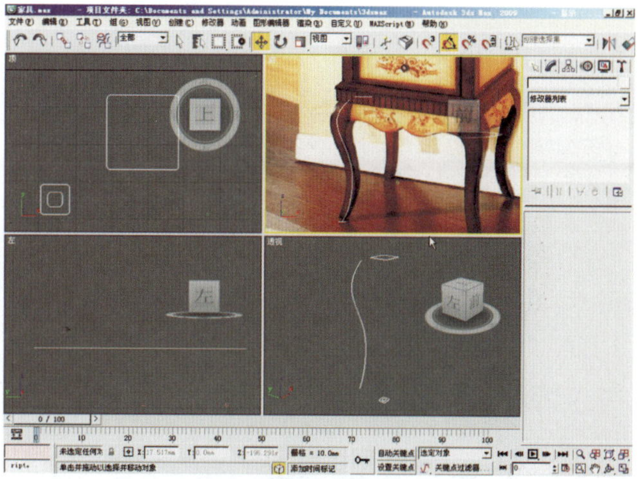

图3-108

图3-109

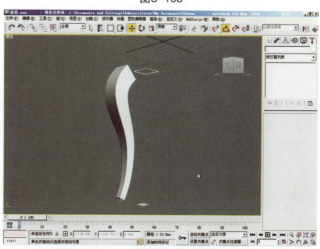

图3-110

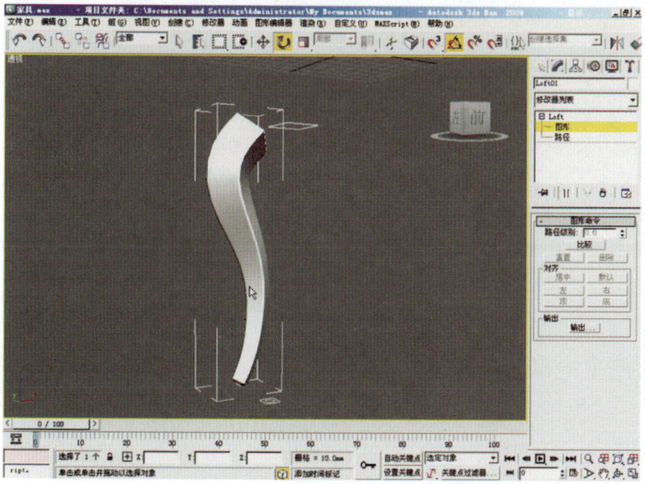

图3-111

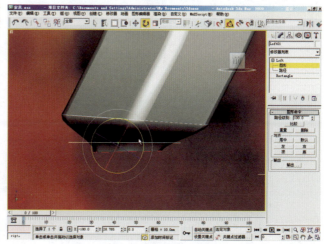

图3-112

XIANG MU HUA SHI XUN JIAO CHENG　045

（6）退出【图形】子级修改,打开【角度捕捉】,用【旋转】工具沿着Z轴转45°（图3-113）。用【镜像】工具选择不用的轴和调节偏移数值,复制另外3条桌腿,如图3-114。

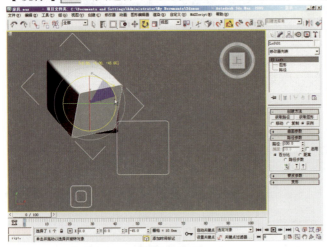

图3-113　　　　　　　　　　　　　　　图3-114

（7）在前视图画一个平面,设置好段数,如图。添加【编辑多边形】修改器,到【顶点】子级里,用【移动】工具,调整造型,如图3-115。

（8）退出【顶点】编辑,添加【网格平滑】修改器,让造型光滑,再添加【对称】修改器,勾选【翻转】,得到如图3-116的造型。

 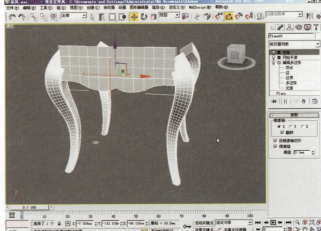

图3-115　　　　　　　　　　　　　　　图3-116

（9）选中刚建的面,按【Ctrl】+【V】,原地复制一个物体,如图3-117,在视图空白处点【右键】,点【隐藏当前选择】如图3-118,那么原地位置还保留了一个面。

（10）选中刚保留的面,添加一个【壳】修改器,把【内部量】调大如图3-119。

（11）把4个桌腿选中,点【右键】中的【转换为可编辑的多边形】（图3-120）;选中其中一条桌腿,用【附加】把其他3条组合成一个物体（图3-121）。选中上面的物体,点【对齐】工具,在桌腿上点击,对齐【Y位置】,当前对象与目标对象都选择【中心】选项（图3-122）。

项目三：基础建模

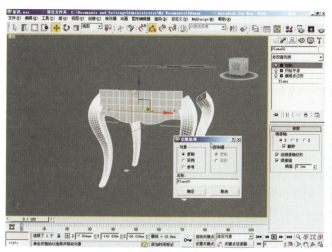

图3-117

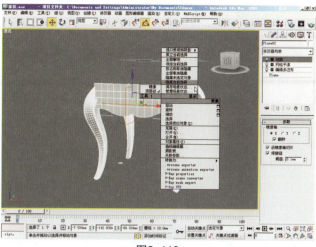

图3-118

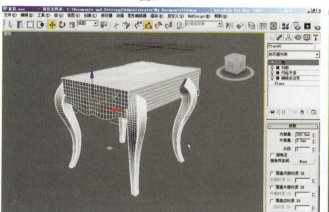

图3-119

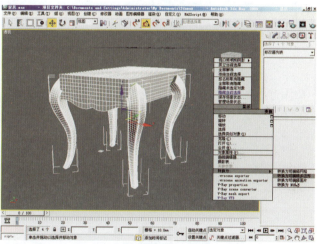

图3-120

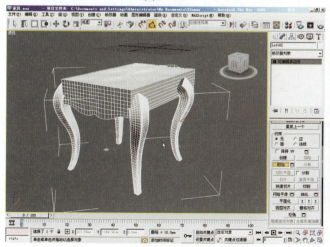

图3-121

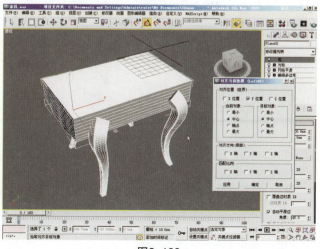

图3-122

（12）点【旋转】工具，更改轴点为【使用选择中心】，如图3-123。按住【Shift】键不放，打开【角度捕捉】，沿着Z轴旋转90°复制一个（图3-124）。

（13）选中桌腿，点【复合对象】中的 ProBoolean，点【开始拾取】（图3-125），在上面两个物体上点击，得到如图3-126所示的图形。到窗口空白处，点【右键】，点【全部取消隐藏】（图3-127）；选中显示出来的物体，添加【FFD 3×3×3】修改器，对控制点进行调整（图3-128）。

（14）再添加一个【壳】修改器，用【旋转】工具复制另外3个，选中它们4个，进行【成组】命令（图3-129）。

（15）创建一个【矩形】，设置好大小（3-130）；对齐桌腿，选择【X位置】【Y位置】，在当前对象与目标对象中选【中心】；点【右键】，选【转换为可编辑的样条线】；激活【顶点】子级，选择所有的顶点，在窗口中点【右键】，点【角点】（图3-131）；再给4个点使用【圆角】命令（图3-132）。

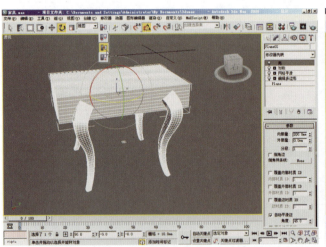

图3-123

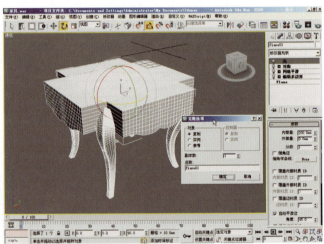

图3-124

图3-125

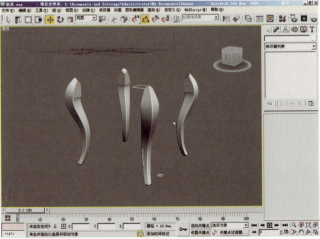

图3-126

项目三：基础建模

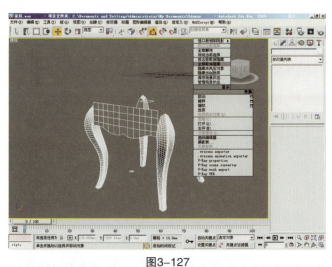

图3-127

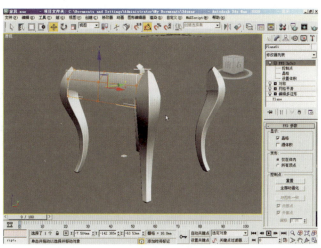

图3-128

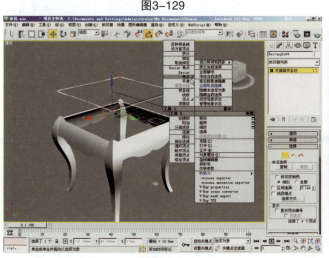

图3-129

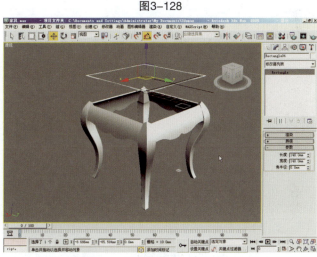

图3-130

图3-131

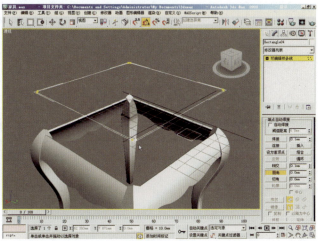

图3-132

（16）按【Alt】+【Q】孤立模式，把其他物体隐藏；激活【线段】，选择中间的4个线段，先在【拆分】命令后面输"41"，点【拆分】（图3-133），给4根线段等分；激活【顶点】子级，隔一点选一个点，把对称着的顶点选中，使用【选择并非均匀缩放】 工具和【使用选择中心】 工具（图3-134）。

（17）在【偏移模式变换输入】 X: 100.0 Y: 100.0 Z: 100.0 的【Y】中输入"102"（图3-135）。

（18）再把轴点更改为【使用轴点中心】 ，在【偏移模式变换输入】的【X】输入"400"（图3-136），使用同样的方法做出另两边的造型（图3-137）；

（19）添加【挤出】修改器，调整挤出的数量（图3-138）。

（20）画一个矩形，用【对齐】工具对齐桌腿，选择【X位置】【Y位置】，勾选当前对象与目标对象中的【中心】，按【Alt】+【Q】，【孤立模式】，再画一根剖面线（图3-139）；

（21）选中矩形，添加【倒角剖面】修改器，点【拾取剖面】，在截面上点击（图3-140）。

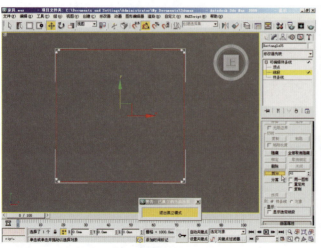

图3-133　　　　　　　　　　　图3-134

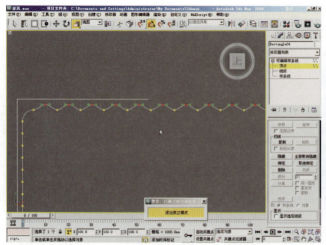 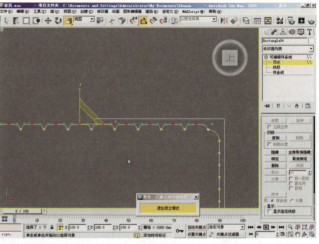

图3-135　　　　　　　　　　　图3-136

项目三：基础建模

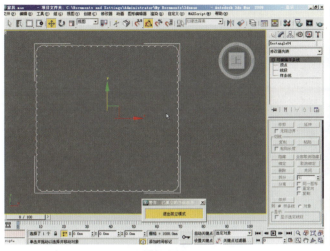

图3-137

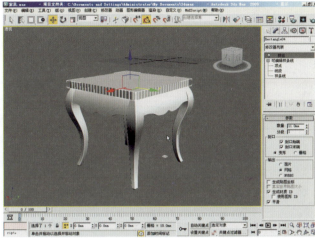

图3-138

图3-139

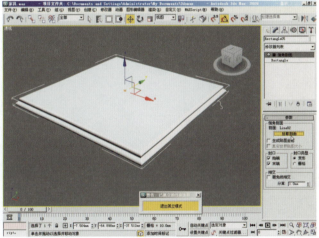

图3-140

（22）退出【孤立模式】；到【剖面Gizmo】子级中，点【移动】工具，沿着X轴移动，可以调整造型的大小（图3-141）。把这个造型沿着Z轴移动复制一个，以备后用（图3-142）。

（23）在【扩展基本体】面板，勾选【自动栅格】，创建"C-Ext01"物体，在修改面板调整好参数；按【Alt】+【Q】，开【2.5D捕捉】，在前视图画一个抽屉大小的矩形，在顶视图画一个剖面（图3-143）。

（24）选中矩形，添加【倒角剖面】修改器，【拾取剖面】在截面上点击，在【剖面Gizmo】子级中，点【移动】工具沿着X轴调整造型大小，如图3-144，再沿着Z轴复制下面两个物体（图3-145）。

（25）在前视图画剖面线（图3-146），选中备用的倒角剖面物体，点【拾取剖面】，在剖面上点击（图3-147）。

（26）在前视图画矩形，添加【倒角剖面】，点【拾取剖面】，在原有的抽屉剖面上点击，生成一个倒角剖面实体（图3-148）。选中顶部物体点【复合对象】中的【布尔】，在其参数中先选择【复制】，点拾取【操作对象】，在抽屉物体上点击（图3-149）。隐藏抽屉，可以看到上面被挖了一个抽屉出来（图3-150）。

051

3DS MAX项目化实训教程

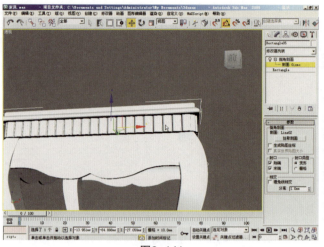

图3-141

图3-143

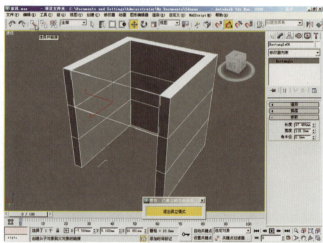

图3-144

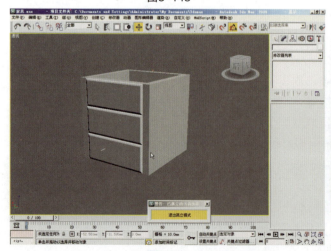

图3-145

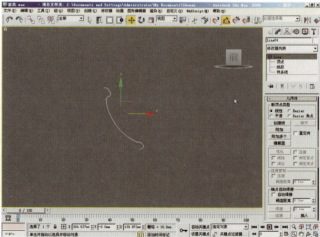

图3-146

052　3-Dimension Studio Max

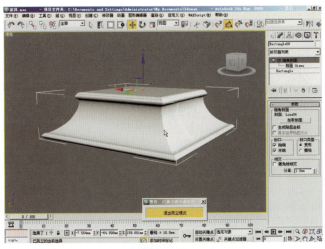
图3-147

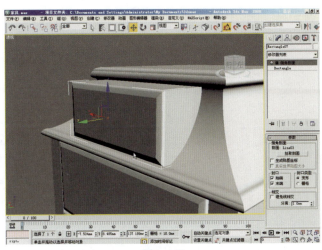
图3-148

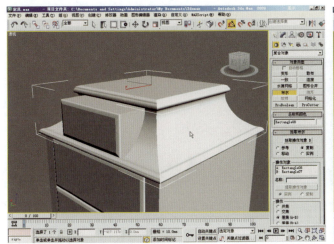
图3-149

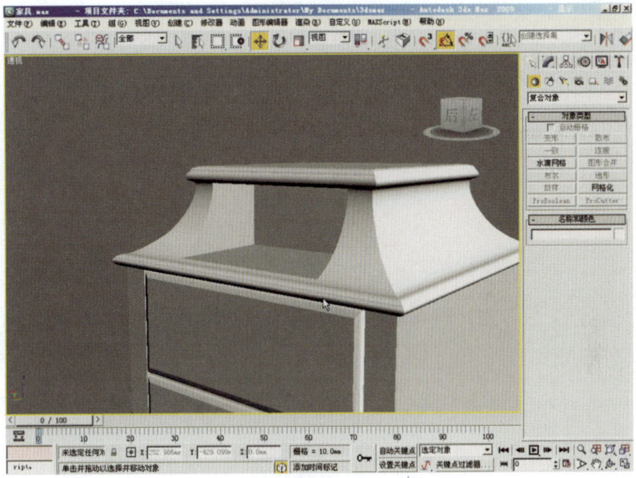

图3-150

（27）选中最上面的抽屉，添加一个【细分】修改器（图3-151），再添加一个【FFD 4×4×4】，到【控制点】子级中调整造型（图3-152）。

（28）在【创建面板】，创建一个球，添加【FFD 立方体】，设置点数"4×4×6"，到控制点里调整造型（图3-153），复制另外3个（图3-154）。

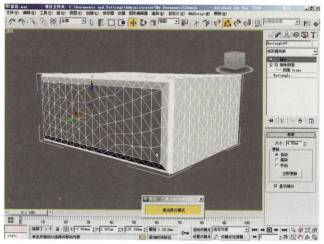

图3-151

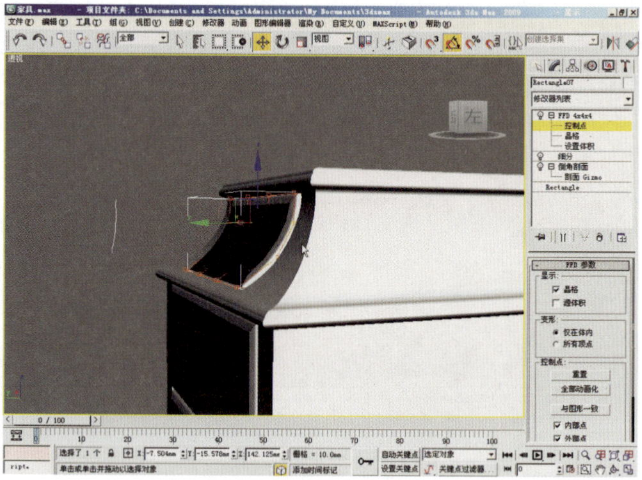

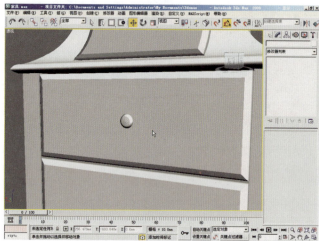

图3-152

图3-153

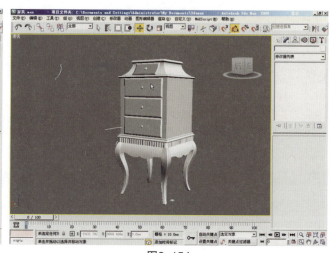

图3-154

四、考核标准

（一）考核形式

课堂上机操作。

（二）主要标准

（1）是否能灵活运用基础建模工具。

（2）是否知道各工具使用后的造型结果，是否知道运用工具的条件。

（3）在做的过程中是否注意物体的比例、大小、造型的美感等。

（三）课后作业

找一些实物图片进行临摹，图片的难易程度可以根据掌握情况来定。

项目四：包装设计表现

一、基本知识

（一）锥化、扭曲、弯曲

（1）【锥化】通过缩放几何体的两端产生锥化造型；一端放大而另一端缩小。可以成曲线进行锥化，也可以限制几何体的部分锥化。

（2）【扭曲】在几何体中产生旋转扭曲效果。可以控制任意3个轴上扭曲的角度，并设置相对于轴点的偏移扭曲效果。也可以限制几何体的部分扭曲。

（3）【弯曲】将当前选中几何体围绕轴弯曲360°，让几何体产生均匀弯曲。可以在任意3个轴上控制弯曲的角度和方向。也可以限制几何体的部分弯曲。

在对物体进行【锥化】【扭曲】【弯曲】时，物体要有分段数，如果没有分段数，就不能很好地表现物体的变形。

（二）布尔

【布尔】对象是在两个几何体相交的情况下进行，有【并集】【交集】【差集】【切割】4种操作，得到的结果也各不相同。

（1）【并集】把两个几何体结合成一个物体，移除两个几何体的重叠部分，如图4-1是两个几何体，在进行【并集】命令后，如图4-2所示。

（2）【交集】把两个几何体的重叠部分留下，把没重叠的部分移除。如图4-3。

（3）【差集】把两个几何体中的一个完全的移除，移除包含重叠部分。如图4-4、图4-5。

（4）【切割】用两个几何体的其中一个，切割另一个。有4种效果：【优化】：在保留下来的几何体上加线（图4-6）；【分割】：用其中的一个几何体把另一个切割成两半，但同属于一个物体，看上去跟【优化】一样，实际不同（图4-7、图4-8）；【移除内部】：把其中的一个几何体完全移除，而且移除相交区域的内部（图4-9）。【移除外部】：留下相交区域的内部造型，移除两个几何体其他部分（图4-10）。

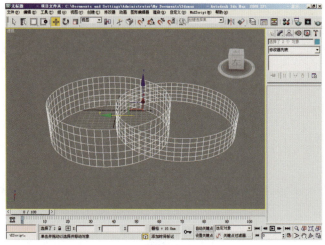

图4-1

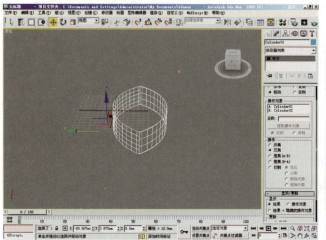

图4-3

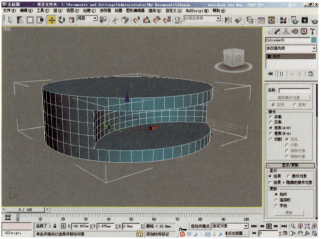

图4-4

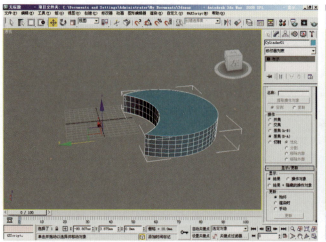

图4-5

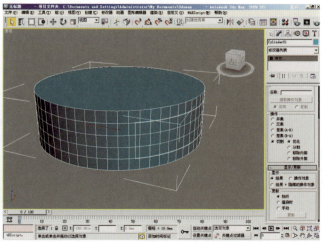

图4-6

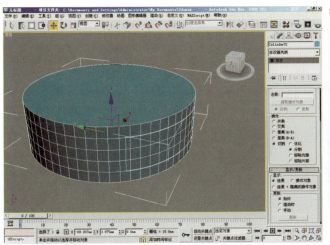

图4-7

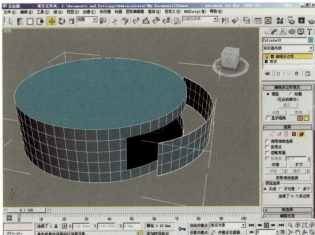

图4-8

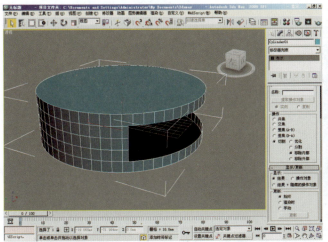

图4-9

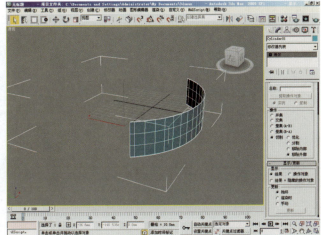

图4-10

（三）ProBoolean

ProBoolean可以对两个以上的几何体相交进行一次布尔操作。如一个几何体对多个几何体的一次布尔（图4-11、图4-12）。

ProBoolean支持【并集】【交集】【差集】【合集】。前3个运算与标准【布尔】复合对象中执行的运算很相似。【合集】运算相交并组合两个网格，不用移除任何原始多边形。

3DS MAX项目化实训教程

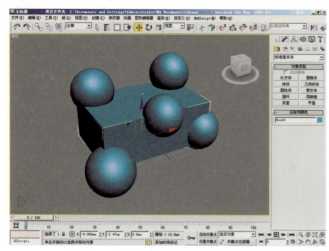
图4-11

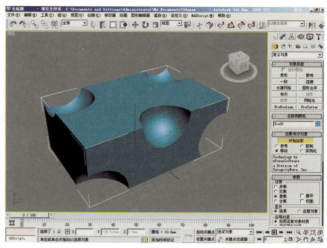
图4-12

（四）材质

材质使模型更加具有真实感。材质详细描述对象如何反射或透射灯光。材质属性与灯光属性相辅相成；明暗处理或渲染将两者合并，用于模拟对象在真实世界的情况。点【M】键，弹出【材质编辑器】对话框。

（1）【命名材质球】，在【材质编辑器】中的材质名称处直接输入材质名称（图4-13）。

（2）【更改材质球】，在【材质编辑器】中，点【standard】，弹出【材质/贴图浏览器】，选择要更改的材质球（图4-14）。

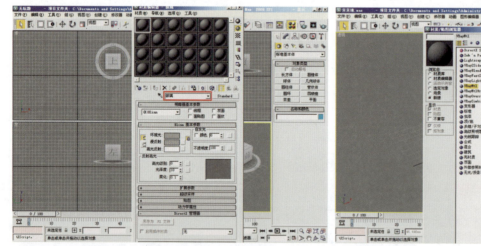
图4-13

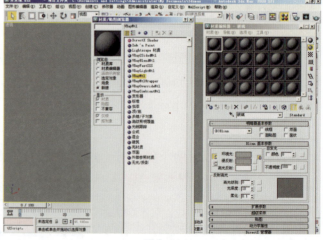
图4-14

（3）【指定材质】，可以直接把材质球拖给物体；或选中物体，点【将材质指定为选定对象】按钮，如（图4-15）。

（4）【重置材质球】，当【材质编辑器】中材质球全部用完时，点【材质编辑器】中的【工具】菜单，点【重置材质编辑器窗口】（图4-16）。

项目四：包装设计表现

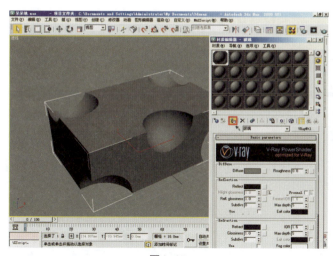

图4-15

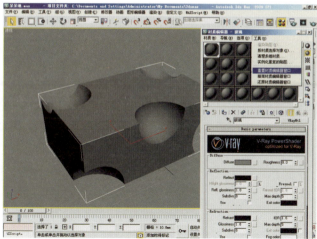

图4-16

（5）【拾取材质球】，当物体材质不在【材质编辑器】窗口时，点【从对象拾取材质】按钮（图4-17）。

（6）调节材质参数时，点参数后面凸起的正方形图标，选择贴图，表示用贴图来控制参数（图4-18）。

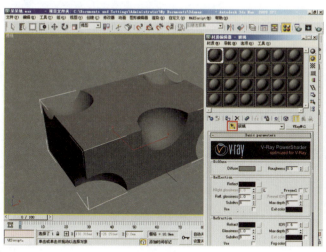

图4-17

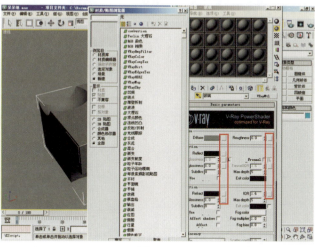

图4-18

（五）【VRay】材质

【VRayMtl】是VRay的标准材质，该材质能够获得更加准确的物理照明（光能分布），更快的渲染，反射和折射参数调节更方便。

（1）要使【材质编辑器】中的所有材质球转换成【VRayMtl】材质球，可以在视图上点【右键】，点【V-Ray scene converter】（图4-19），在弹出的对话框中，点【是】（图4-20）。

059

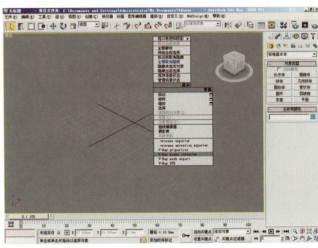 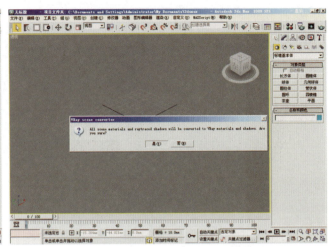

图4-19　　　　　　　　　　　　　　图4-20

（2）【VRayMtl】材质球中的【Basic Parameters】中，分为【Diffuse】漫反射（颜色）、【Reflection】反射、【Refraction】折射、【Translucency】半透明四部分（图4-21）。

① 【Diffuse】可调节材质颜色，【Roughness】粗糙值，参数为"0～1"，数值越大表面粗糙感越强，物体颜色加重，如左边的球是用【Roughness】的结果，右边球没有使用（图4-22）。

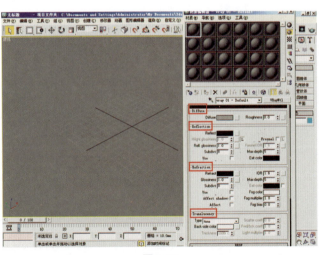 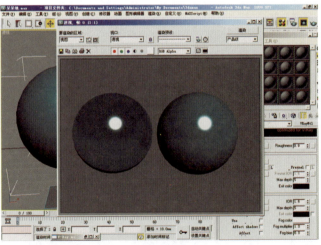

图4-21　　　　　　　　　　　　　　图4-22

② 【Reflection】的【Reflect】调节颜色的亮度，用来控制反射的强度，黑色表示材质不产生反射，白色表示材质全部反射环境。

【Refl glossiness】和【Hilight glossiness】表示反射和高光的光泽度；默认状态为锁定，也可以解锁，解锁时点起【L】按钮；数值为"0～1"，值为"1"时物体反射最清晰，物体表面最光滑，数值越小，表示物体的反射越模糊，在反射区域也会产生更多的斑点。【Subdivs】细分，这个数值在光泽度值为"1"时，不起作用，但是当光泽度值小于"1"时，反射区域有斑点时，可提高【Subdivs】细分值解决。

【Fresnel】基于摄像机与物体表面角度，摄像机与物体表面的角度越垂直，反射现象越弱。物质的反射都具有菲涅尔原理。

【Fresnel IOR】菲涅尔率，数值越大，反射越强。

【Max depth】最大深度，数值越大，表示两个反射物体相互反射的次数就越多，反之亦然。如两面相互对着的镜子，摄像机放在两面镜子之间，摄像机看其中一面镜子内，会发现镜子里有很多面镜子，如果这个数值设置为"5"，镜子里就有"5"面镜子。

【Exit color】是指两个反射物体相互反射深度完成后，显示没有相互反射深度处的颜色。

③【Refraction】材质折射，用于透明物体。折射中颜色亮度用来控制透明度，黑色表示物体不透明，白色表示全部透明；【Glossiness】光泽度，数值"1"表示透过物体非常清晰，小于"1"表示透过物体模糊。

选勾【Affect shadow】影响阴影，表示光线将穿透透明物体影响到阴影（图4-23），不勾，表示光线不能穿透透明物体影响到阴影（图4-24）。

图4-23

图4-24

【Fog multipliter】雾的倍增器，常用于有颜色的透明体，数值越大，颜色越重，数值越小，颜色越淡。【Fog bias】雾的偏移，也是用于有颜色的透明体，数值调大，颜色变淡。

④【Translucency】半透明，用于半透明物体材质表面，如蜡烛，人的皮肤等，是指光在进入物体内部后进行伸展的一种特性。

根据需要，通常情况下半透明材质的调节步骤如下（图4-25）：以兔子模型为例（图4-26），通过调节以下参数，得到如图4-27所示结果。

  a. 物体颜色调为黑色。
  b. 物体需要一些透明，但不全透，把透明度颜色调节为灰色。
  c. 调节【折射率】。
  d. 调节【雾的颜色】和【雾的倍增器】。
  e. 勾选【插值】和【影响阴影】项。
  f. 选择半透明的类型。

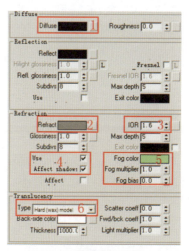
图4-25

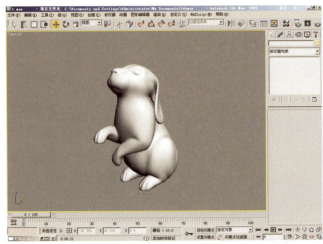

图4-26

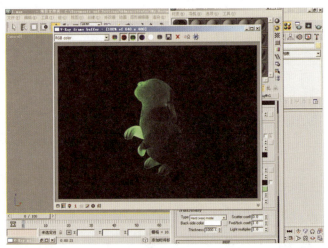

图4-27

其中，折射中【Glossiness】的数值影响半透明的通透度，值越小，表示半透明越模糊（图4-28）。【Subdivs】细分值越大，物体表面的杂点少。

Type类型中【Hard(wax)model】硬物体模式、【Soft(water)model】软体模式、【Hybird model】混合体模式，不同的模式代表不同的结果。

【Back-side color】半透明的颜色，通过调节颜色的深浅，控制半透明的强弱和颜色，类似于反射和折射中颜色调节。【Thickness】厚度，用来限制半透明显示在物体中的深度。【Scatter coeff】这个值表明光线在物体内部分布的数量。【Fwd/bck coeff】控制光线在物体内部分布的方向。【Light multipler】光的倍增器，用来控制半透明材质光的强度。

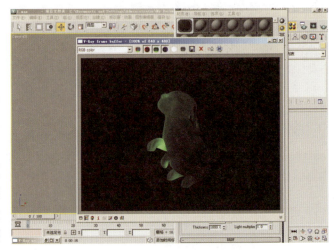

图4-28

（3）【Brdf】项及其他。

【VRayMtl】中的【Brdf】项，【Phong】【Blinn】【Ward】参数表示材质表面的不同，主要体现在高光大小和反射区域的模糊不同。【Phong】高光最小，反射区域的模糊也小；【Blinn】次之；【Ward】高光最大，反射区域的模糊的最大，通常表示没有那么光滑；高光区域小，通常表示物体比较光滑。

【Anisotropy】各向异，使高光和反射产生拉伸，要使用这个功能，材质一定要有反射，而且高光和反射的光泽度要小于"1"。数值"0~1"，表示拉伸的大小，数值大，高光和反射拉伸就大；数值"-1~0"，表示反方向的拉伸，数值小，高光和反射拉伸就大。

【Rotation】表示拉伸的旋转方向。

在【VRayMtl】的【Option】选项中，一定要勾【Trace reflection】和【Trace refraction】两个选项，不勾将不能产生反射和折射。

（六）VRay灯光

【VRayLight】照明灯类型有【平面灯】【半球灯】【球灯】。它能产生很柔和的光线，常用于产品、包装、室内等设计效果图中。

（1）【平面灯】和【球灯】面积越大，阴影越柔和；如果没有勾选【No dacay】（不衰减），灯光强度越强；如果勾选了【No dacay】，灯光强度不会因为平面光的面积大小而影响灯光强度，如图4-29、图4-30。

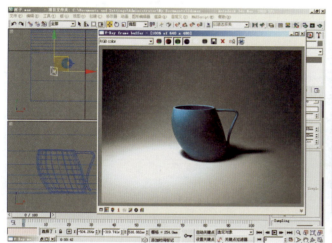

图4-29

图4-30

（2）【VRaylight】灯光参数。

①【General】，见图4-31：

【Nn】控制灯光开关，勾选表示灯光开。

【Exlude】排除不照明的物体，包含表示灯光只照明指定的物体。

【Type】灯光类型，可选择【Plane】平面光、【Sphere】球光、【Dome】半球光。

【Units】照明的默认方式。

【Color】灯光颜色。

【Multiplier】倍增值，用来调节灯光的强度。

【Half-length】和【Half-width】灯光长和宽，用来调节灯光面积大小。

②【Options】，见图4-32：

【Cast shadows】灯光产生阴影。

【Double-sided】平面光和球光的双面发光，默认状态为单面发光。

【Invisibl】灯光在渲染时本身不可见，默认状态为可见。

【Ignore light】忽略灯光法线，在模拟真实光线时，可关闭，默认为勾选。

【No decay】不衰减。灯光不会因距离的关系而衰减。默认为关闭，表示灯光会产生衰减。

【Skylight】天光。

【Store with】在全局照明设定为【Irradiance map】时，VRay将再次计算【VRaylight】的效果并且将其存储到光照，默认为关闭。

【Affect hilight】勾该选项，表示灯光将影响物体的高光区域。

【Affect diffuse】勾该选项，表示灯光照亮物体的颜色。

【Affect reflection】勾该选项，表示灯光造型将在物体的反射中可见。

③【Sampling】见图4-33：

【Subdivs】细分值，控制灯光照明采样的数量，数值越大，采样点增多，杂点就少。

【Shadow bias】投影位置的偏移距离。

【Cutoff】用于采样的临界值。

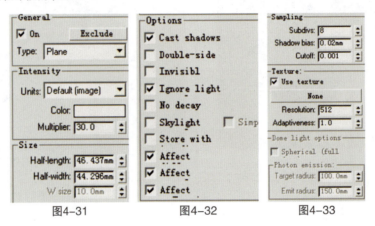

图4-31　　　　图4-32　　　　图4-33

（七）光度学灯光

【光度学】灯光运用如真实世界的光，并能通过设置光能值来控制灯光照明强弱。【光度学】灯光可以选择不同的灯光分布和颜色特性，它采用的是"平方反比"衰减方式，场景的"单位"影响光度学灯光照明。

（1）【光度学】灯光的分布方式有【统一球形】【统一漫反射】【聚光灯光】【光度学Web】4种。

【统一球形】是在各个方向上均匀分布灯光（图4-34）。

【统一漫反射】分布仅在半球体中发射漫反射灯光（图4-35）。

【聚光灯光】投影集中的光束，如在舞台上聚光（图4-36）。

【光度学Web】用【IES】光域网文件分布灯光形状（4-37）。

（2）光度学灯光参数。

模板项提供了真实照明的灯光分布（图4-38）。

①【常规参数】的功能（图4-39）：

【灯光属性】中【启用】灯光照明的开关，勾选表示灯光开。

【目标】指定灯光的照明方向。

【阴影】中勾选【启动】，表示该灯光将产生阴影。阴影类型可以在下拉式列表中选择。

【灯光分布】真实照明灯具有不同的灯光分布，下拉列表归纳了一些常用照明分布。

②【强度/颜色/衰减】的功能（图3-40）：

【颜色】调节颜色的方式一种是【基于真实照明】，一种是使用【开尔文】。【开尔文】模式是使用色温的数值设置灯光的颜色。

【过滤颜色】通过对灯光过滤来调节灯光颜色，黄色过滤器置于白色光源上就会投射黄色灯光。

【强度】通过【cd】下面的数值来调节灯光的强度，数值越大，灯光越亮。

【结果强度】通过百分比的方式调节灯光强度。

【远距衰减】限制灯光的照明范围，用来减少渲染时间。

③【VRayShaows params】的VRay阴影参数（图4-41）：

【Transparent】阴影可穿透。

【Smooth surface】平滑表面阴影。

【Bias】灯光投影距离的偏移。

【Area shadow】面积阴影，勾选后，阴影变的柔和。

【Box】【Sphere】长方体和球形，表示产生阴影的图形。

【U size】【V size】【W size】图形的大小，影响阴影的柔和度，数值越大，阴影越柔和。

【Subdivs】阴影采样，数值越大，采样点越多，杂点越少。

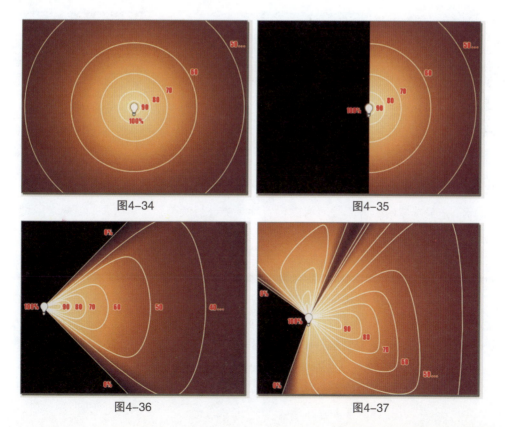

图4-34

图4-35

图4-36

图4-37

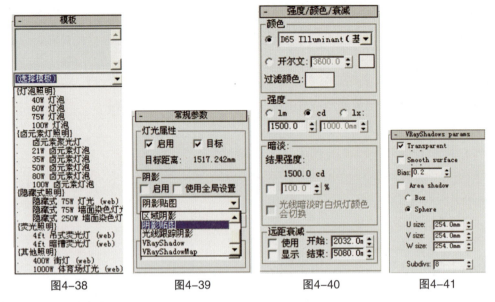

图4-38　　　　图4-39　　　　图4-40　　　　图4-41

（八）VRay渲染设置参数

VRay的渲染设置分为【V-Ray】【Indirect illumination】【Setting】，3个主要项，如图4-42、图4-43、图4-44。

图4-42　　　　　　　　　　图4-43　　　　　　　　　　图4-44

（1）在使用VRay渲染场景时，并不是所有的设置项都要进行调节，【V-Ray】项的常用设置参数：

①【V-Ray∷ Frame buffer】帧缓存项（图4-45），勾选【Enable built-in Frame】，表示在渲染时，用VRay的帧缓存框代替3DS MAX的帧缓存框，大多数情况勾选。

【Save separate render】保存分离渲染通道，勾选后系统将分别自动保存多个通道图片。

②【V-Ray∷ Global switches】全局开关（图4-46），通常情况下会把【Lighting】选项中的【Default】和【Hidden】两项去掉，表示默认灯光和隐藏灯光都不对场景起作用。

【reflection/refract】勾选后表示渲染场景中的反射和折射，勾选【Maps】表示渲染场景中物体的贴图；在测试灯光时，有时可把这两项关掉，以便减少渲染时间。

【Don't render final】勾选后表示不要渲染最终图像；在以小光子图渲染大图时，可以使用。

③【V-Ray∷Image Sample】图像采样（图4-47），图像采样根据采样点的分布多少，用来产生最终图像的像素数组。VRay提供了【Fixed】【Adaptive QMC】【Adaptive subdivision】这3种采样的方式。

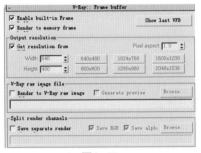
图4-45

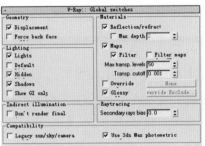
图4-46

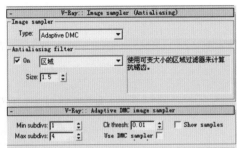
图4-47

【Fixed】固定比率采样器，对于每一个像素，它使用一个固定数量的样本。

【Adaptive QMC】，自适应QMC采样器，根据每个像素和它相邻像素的亮度差异产生不同数量的样本。

【Aaptive subdivisiond】自适应细分采样器。使用不同的采样器，在渲染几何体和贴图细节方面有着一定的差异。【Fixed】在渲染高细节纹理贴图和大量模糊特技时，有兼顾品质和渲染时间快的优势。【Adaptive QMC】在具有高细节的纹理贴图或大量几何学细节而只有少量模糊特效时使用。【Aaptive subdivisiond】在场景中只有少量模糊特效和贴图时使用，但是相对于其他两个采样器它需要占用更多的内存。

④【V-Ray∷Environment】环境和【Color mapping】颜色贴图（图4-48）：

【GI Environment（Skylight）override】环境照明，勾选【on】，可以调节环境的照明颜色和强度倍增器，或放入贴图控制照明的强度和颜色，要注意的是，这里的环境只提供照明影响，而不会显示在场景的背景中。

【Reflection/refraction environment override】环境反射与折射，提供给场景反射与折射的背景颜色或贴图，但它不会显示在场景的背景中。

【V-Ray∷Color mapping】主要用来控制场景的曝光度和颜色。

常使用的类型有：【Liner multiply】【Exponential】【HSV exponential】【Reinhard】。

【Liner multiply】基于颜色的亮度与光源的距离远近，控制颜色的【线性倍增】，优点是颜色损失少，缺点是容易曝光。

【Exponential】基于颜色饱和度对亮度进行调整的【指数倍增】，优点是可以控制光源近处的曝光，缺点是颜色的饱和度下降。

【HSV exponential】跟【指数倍增】很类似，但它能保护色彩的饱和度跟色调。

【Reinhard】是介于【线性】和【指数】之间的曝光方式，当【Burn】数值为"1"时，相当于【线性】，当【Burn】数值为"0"时，相当于【指数】。

【Dark multiply】暗部倍增值，默认值为"1"，调高后暗部成倍提亮。

【Birght multiply】亮度倍增值，默认值为"1"，调高后亮部区域越亮。

【Sub-pixel mapping】次像素贴图,避免场景中产生杂点,增加渲染的品质。

【Clamp】强制输出,对有些无法表现出来的色彩进行自动纠正。

【Affect】勾选此选择,会影响场景中的背景。

【Don't affect colors】勾选此选项,表示不会影响色彩。

⑤【V-Ray∷camera】摄像机(图4-49):

摄像机参数主要用于【镜头】【景深】【运动模糊】的特效。

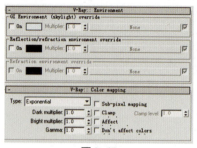 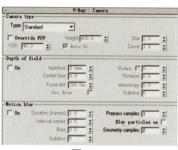

图4-48　　　　　　　　　　　图4-49

(2)【V-Ray∷Indirect illumination】间接照明常用选项(图4-50),包括有:

【on】间接照明的开关;

【Saturation】反弹区域的颜色饱和度;

【Contrast】和【Contrast base】用来调整图像亮部和暗部的对比度;

【Multiplier】反弹的强度倍增器;

【GI engine】引擎具体使用效果如下:

使用【V-Ray∷lrradance map】发光贴图和【V-Ray∷Light cache】灯光缓存搭配,由于【V-Ray∷Light cache】对光有很强的反弹能力,从而场景会得到比较理想的亮度,常用于空间设计中。

使用【V-Ray∷lrradance map】发光贴图和【Brute force】强力反弹搭配,【Brute force】反弹的光比较均匀,能体现更多的细节,常用于产品类设计中(图4-51)。

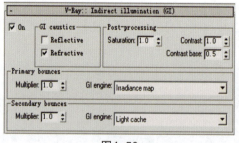 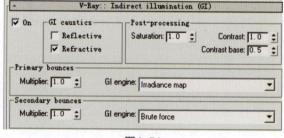

图4-50　　　　　　　　　　　图4-51

(3)【V-Ray∷Irradiance map】选项(图4-52):

【current preset】发光贴图的当前预设值:【high】高参数可以得到更多的细节,需要花费更多的渲染时间,常用于最终渲染;【very low】低参数可以花少量的渲染时间,但渲染的品质差,细节少,常用于测试渲染。

【HSph. subdivs】半球细分，用于计算全局照明的半球空间采样数目。
【Interp.samples】存储在光照贴图中的每个点的全局照明采样数目。
【Show calc.】显示计算过程。
【Detail enhancement】细节增强器，勾【on】，表示开，一般在最终渲染中使用，用来增加反射区域的轮廓细节，如图4-53。

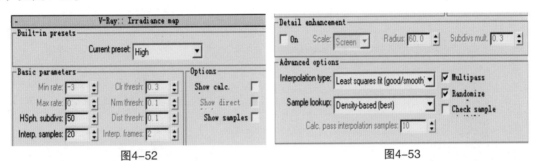

图4-52　　　　　　　　　　　　　图4-53

【Mode】常用的渲染模式有（图4-54）：
【Single frame】单独计算每一个单独帧的光照贴图。
【Multiframe incremental】VRay基于前一帧的图像来计算当前帧的光照贴图。VRay自动计算需要新照明采样的位置，将采样加到前一幅光照贴图中。
【From file】从文件调入光照贴图。
【Add to current map】VRay单独计算当前帧的光照贴图并将其加入到前一帧的图像中。
【Save】把照明保存为独立的光照贴图文件，先前需要渲染，才能保存。
【Auto save】在渲染完成后，自动保存光照文件。
（4）【V-Ray∷Light cache】灯光缓存，常使用的参数（图4-55）：

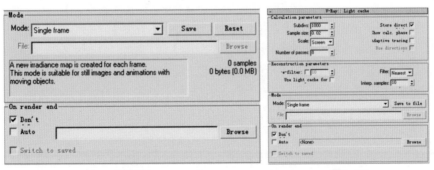

图4-54　　　　　　　　　　　　　图4-55

【Subdivs】细分值，数值越大，表示从摄像机追踪的路径越多，细节就越多，渲染的时间增加。
【Sample size】样本的大小，用来决定样本的间距，较小的值会保留更多的细节。
【Scale】比例，用来确定样本和过滤器尺寸。

二、基本技能

（一）香水瓶

（1）点创建面板【几何体】中的【长方体】，在透视图中创建一个长方体，在修改面板中调节参数（图4-56）；在修改面板中添加【扭曲】修改器，调节参数，如图4-57。

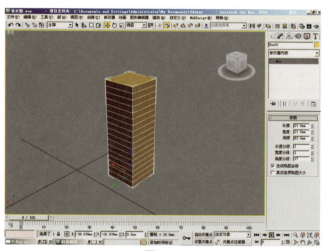

图4-56　　　　　　　　　　　　　　　图4-57

（2）给物体添加【锥化】修改器，调节参数如图4-58；再添加【编辑多边形】修改器，切换到【多边形】子级中，选中最上面的面，如图4-59，按【Delete】删除面，如图4-60。

（3）添加【壳】修改器，调整【内部量】为"2"，如图4-61。

（4）添加【编辑多边形】修改器，在【多边形】子级中，选中内部瓶底面，按【Delete】键删除（图4-62）；再切换到【边界】子级中，选中边界，按【Delete】键删除（图4-63）；点【封口】命令（图4-64），瓶体完成。

（5）创建一个长方体用来制作瓶盖，设置【长度】"3.5"、【宽度】"3.5"、【高度】"8.0"，【高度分段】为"17"，如图4-65；添加【扭曲】修改器，设置【角度】为"87.0"（图4-66）；添加【锥化】修改器，设置【数量】为"-0.71"（图4-67）；添加【弯曲】修改器，设置【角度】为"-55.0"；瓶盖完成（图4-68）。

（6）选中瓶盖，点【对齐】工具，在瓶体上点击，弹出【对齐当前选择】对话框，勾选【X位置】【Y位置】位置，选中两个【中心】，点【应用】（图4-69）；再勾选【Z位置】，选择【最小】和【最大】，如图4-70。

（7）香水瓶渲染；在透视图中调节好渲染角度，按【Ctrl】+【C】创建一个摄像机。调节摄像机参数【镜头】为"35.0"，如图4-71。

（8）点【M】键，弹出【材质编辑器】对话框，给一个空白的材质球命名为【瓶体】，选中瓶体模型，点【将材质指定给选定对象】，如图4-72；点【Standard】，弹出【材质/贴图浏览器】对话框，选择【VRayMtl】材质，双击，如图4-73。

项目四：包装设计表现

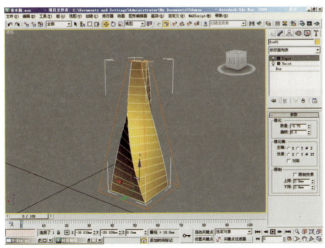

图4-58

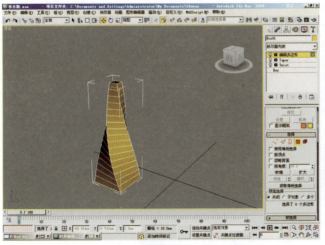

图4-60

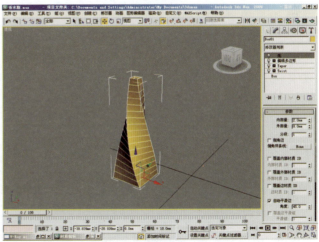

图4-59

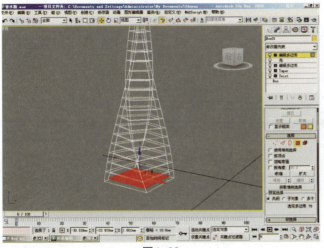

图4-62

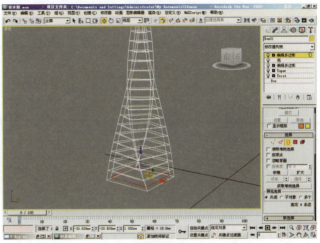

图4-63

3DS MAX项目化实训教程

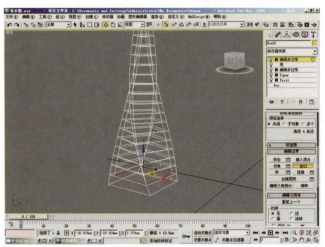

图4-64

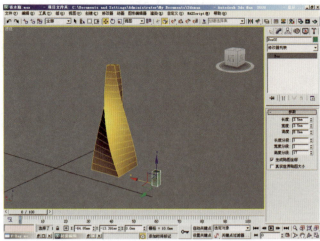

图4-65

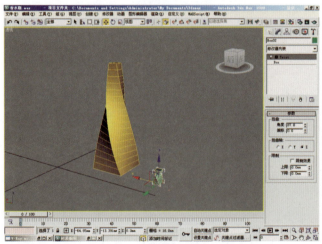

图4-66

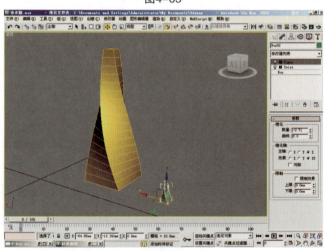

图4-67

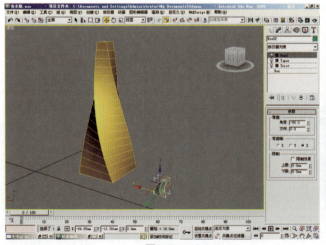

图4-68

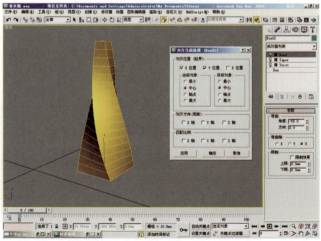

图4-69

项目四：包装设计表现

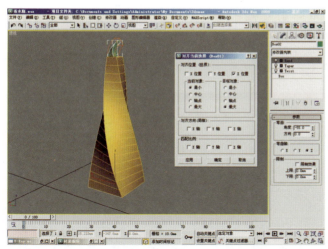

图4-70

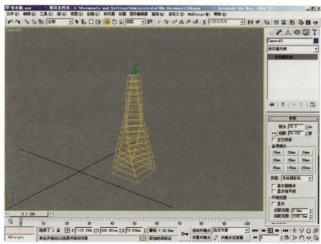

图4-71

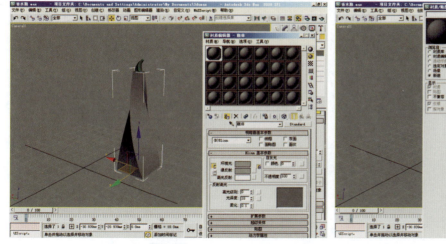

图4-72　　　　　　　　　　　　　　　　　　图4-73

（9）调节香水瓶材质参数；把【Diffuse】颜色项调为红色；在【Reflect】反射项把颜色调成白色，勾【Fresnel】，如图4-74；在【Refract】折射项，使用【渐变坡度】贴图，其他参数如图4-75所示。

（10）到【Maps】项的【Environment】环境中，使用【VRayHDRI】贴图（图4-76）；找一张".hdr"格式图片，参数调节如图4-77。

（11）选中瓶体模型，添加【UVW】修改器，在【对齐】项中选择【X位置】；在【Gizmo】子级中，开【角度捕捉】，用【旋转】工具调整好位置，如图4-78。

（12）用步骤（11）同样的方法，给瓶盖也增加【UVW】修改器（图4-79）。

（13）制作前背景：创建一个平面，调整好位置，如图4-80；点【对齐】工具，在瓶体上点击，弹出【对齐当前选择】对话框，勾【Z位置】，选择两个【最小】，点【确定】，得到如图4-81的效果。

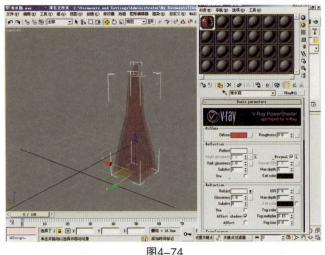
图4-74

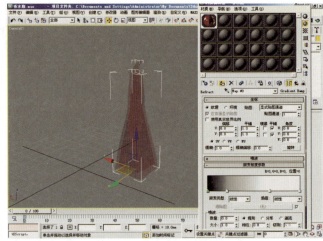
图4-75

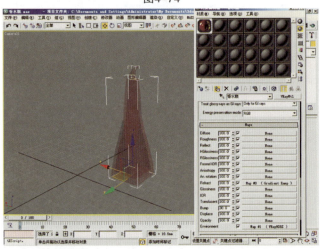
图4-76

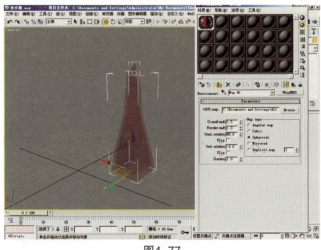
图4-77

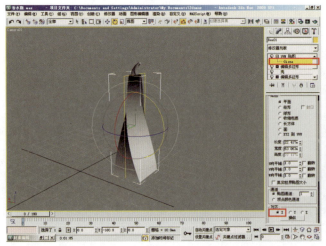
图4-78

图4-79

项目四：包装设计表现

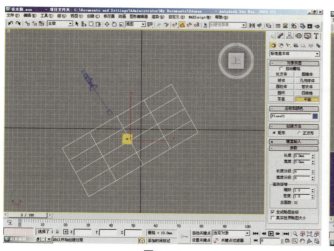
图4-80

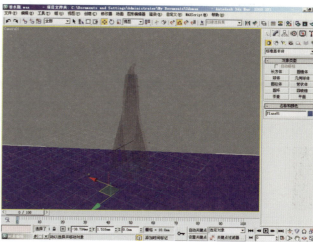
图4-81

（14）指定前背景材质：在【材质编辑器】中，把材质改为【VRayMtl】，把【Diffuse】颜色改为纯黑；在【Reflect】反射中调为白，勾选【Fresnel】，拖给物体，如图4-82。

（15）按【8】数字键，弹出【环境和效果】对话框，点【None】，找到【渐变坡度】贴图，双击，如图4-83。

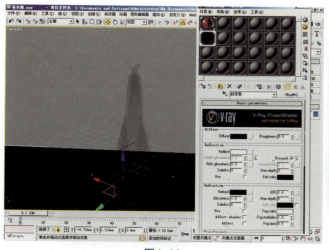
图4-82

图4-83

（16）打开【材质编辑器】，把【环境和效果】中的【渐变坡度】拖到【材质编辑器】的空白材质球上，弹出【实例（副本）贴图】对话框，选择【实例】，点【确定】（图4-84）。

（17）在摄像机视图上按【Alt】+【B】，弹出【视口背景】对话框；勾选【使用环境背景】和【显示背景】，点【确定】，如图4-85。

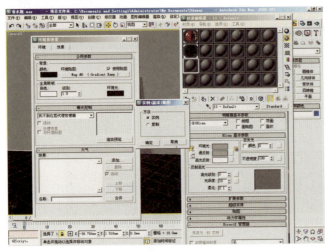
图4-84

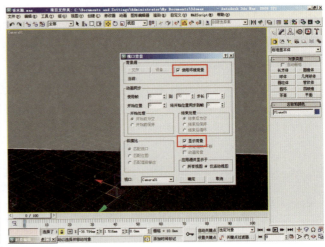
图4-85

（18）在【渐变坡度】贴图的【坐标】项，调节参数；【U】偏移表示左右位置，【V】偏移表上下位置；【平铺】表示图像大小调节，数值越大，图片越小；把两个【平铺】的勾去掉，表示不重复；在颜色滑块上双击，选择不同的颜色，把【渐变类型】改为【径向】，如图4-86。

（19）创建【VRayLight】的平面光，调整好位置，如图4-87；选中灯光，在修改面板中调节参数，如图4-88。

（20）调节渲染参数如图4-89～图4-93所示。最终渲染得到如图4-94。

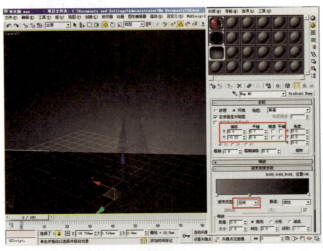
图4-86

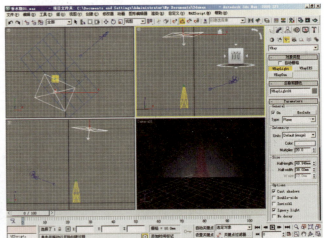
图4-87

项目四：包装设计表现

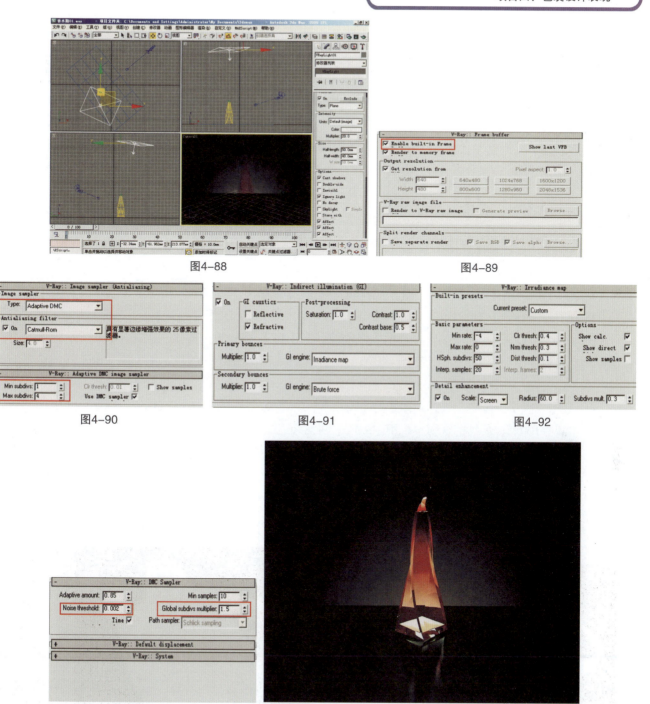

图4-88　　　　　　　　　　　　　　　图4-89

图4-90　　　　　图4-91　　　　　图4-92

图4-93　　　　　　　　　　　　　　　图4-94

（二）陶瓷酒壶

（1）在左视图【Alt】+【B】，选择【匹配位图】，勾【锁定缩放和平移】，把茶壶图片放到窗口背景中（图4-95）；在透视图中创建一个圆柱，设置圆柱体的大小、高度的分段和边数（图4-96）。

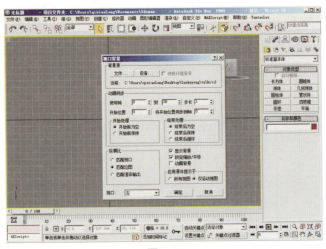

图4-95

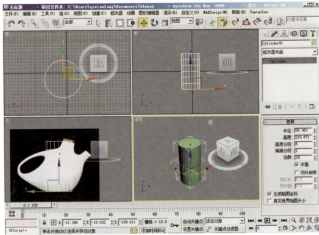

图4-96

（2）给圆柱添加一个【FFD 4×4×4】修改器，在【控制点】子级中，用【移动】【旋转】【缩放】工具调整造型（图4-97）。

（3）调整完成后，添加【编辑多边形】修改器，在【边】子级中，选中一条如图4-98所示位置的边，点【环形】，选择一环的边，点【连接】命令，在选择边中点处增加了一圈线，用【移动】工具调整好位置（图4-99）。

（4）到【顶点】子级中，选择如图中的【顶点】，点【缩放】工具，沿着X轴进行缩小，让下面的造型成椭圆状（图4-100）；再到前视图中，用【缩放】调整好造型（图4-101）。

（5）到【多边形】子级中，选中如图4-102中的面，点【插入】命令，插入一个圈面；用【缩放】工具，切换到【顶点】子级中，把造型调整为一个圆（图4-103）；再到【多边形】子级中，选中壶嘴的面，点【Delete】删除（图4-104）。

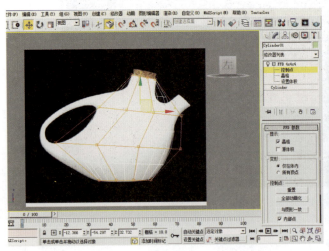

图4-97

图4-98

项目四：包装设计表现

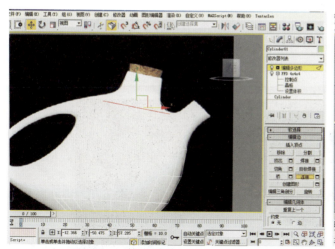

图4-99

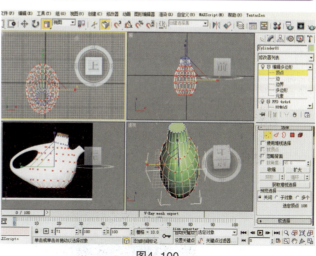

图4-100

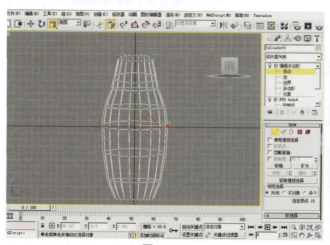

图4-101

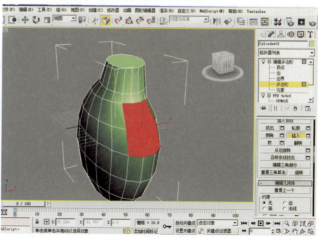

图4-102

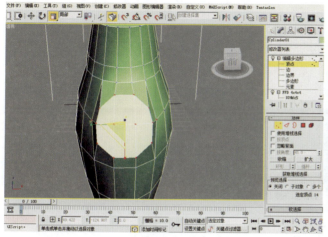

图4-103

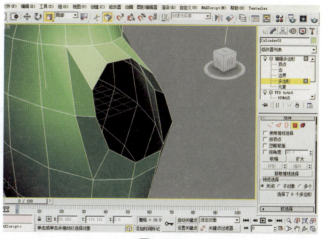

图4-104

（6）切换到【边界】子级中，激活左视图，点【移动】工具，选中边界，按住【Shift】键不放，沿着XOY平面拖动鼠标，可以挤出面，如图4-105。挤出后可以通过【缩放】工具调整造型，拖出3次后，用【局部】坐标系，沿着Y轴缩放，可以缩平壶口，再一次挤出，调整造型（图4-106）。

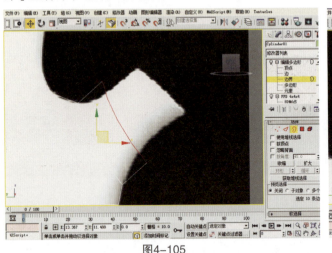 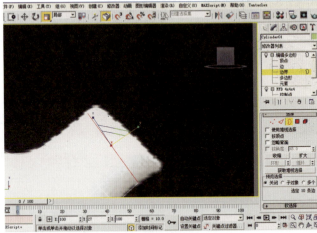

图4-105　　　　　　　　　　　　　　　图4-106

（7）切换为【缩放】工具，按住【Shift】键（图4-107），用三维缩放挤出壶口的厚度（图4-108）；再用【移动】工具往壶嘴里头挤出，多挤出几次，壶口完成（图4-109）。

（8）切换到【多边形】子级中，选中把手位置的几个面，用【插入】工具拉出一圈面，用【移动】工具往X轴移出来一些（图4-110）。

（9）切换到左视图，用【线】画好外圈直线线条；在修改面板里的线的【顶点】子级中，点【创建线】画内圈线，注意点的数量应跟外圈对称（图4-111）。

（10）给线添加【挤出】修改器，调节挤出的数量；用【对齐】工具，选择【X位置】，对齐壶体如图4-112。

（11）给把手添加【FFD 3×3×3】修改器，切换到【控制点】子级中，用【缩放】工具，调整造型（图4-113）；再添加【编辑多边形】修改器，到【元素】子级中，选中元素，点【翻转】命令（图4-114）。

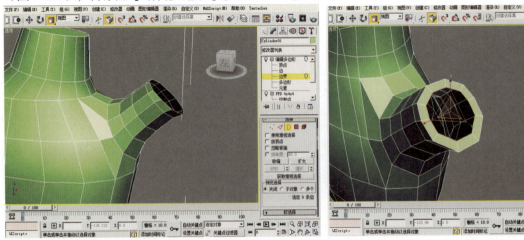

图4-107　　　　　　　　　　　　　　　图4-108

项目四：包装设计表现

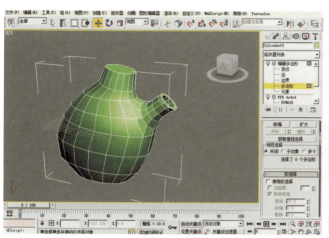

图4-109

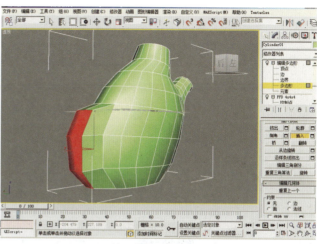

图4-110

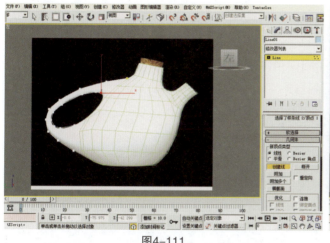

图4-111

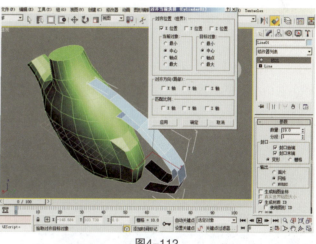

图4-112

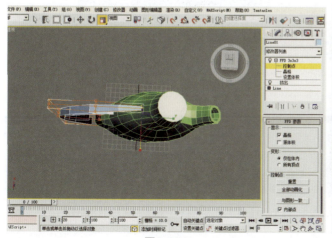

图4-113

图4-114

（12）切换到【边界】子级中，选中两条边界，点【桥】命令（图4-115）；选中壶体，点【附加】，到把手上点击，两个物体结合为一个物体（图4-116）。

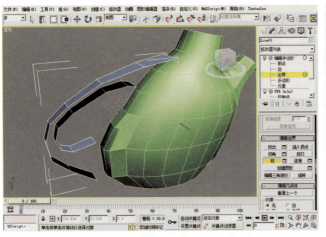

图4-115　　　　　　　　　　　　　　图4-116

（13）到【边】子级中，选如图一条边，点【环形】（图4-117），点【连接】增加一圈线；用【循环】选中外面的两圈线，用【缩放】工具调整造型（图4-118）。

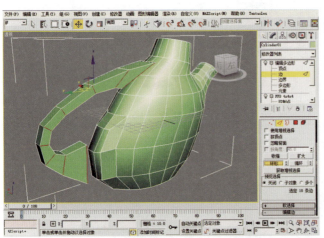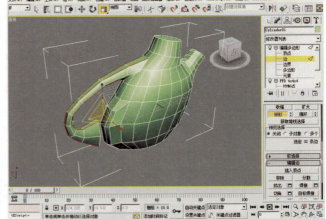

图4-117　　　　　　　　　　　　　　图4-118

（14）切换到【多边形】中，选中如图4-119的面，点【桥】，在壶把上面和壶体上面之间建立一个过渡面（图4-120）；再选中把手下面对应着的面（图4-121），点【桥】（图4-122），又建立了一个过渡面，把手和壶体连成了一个体。在使用【桥】命令时要注意：首先【桥】命令必须要在一个物体内进行；使用【桥】命令的面，两方的面数量要一样多，法线也要一致，如不一样，会产生错乱或扭曲。

（15）切换到【顶点】子级中，调整点的位置，如图4-123；用【目标焊接】把图4-124所示的点拖到旁边的点，两个点就结合成了一个点，把旁边两个点也焊接一下。

项目四：包装设计表现

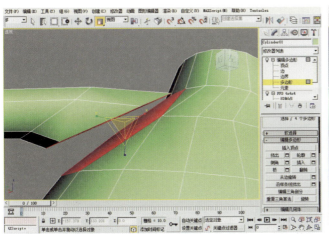

图4-119

图4-120

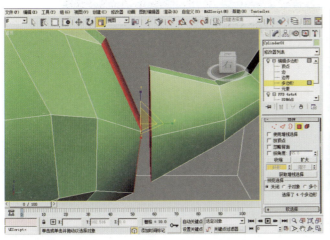

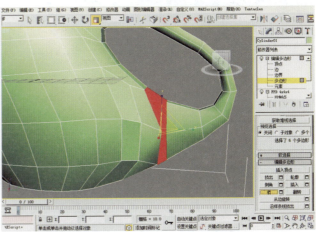

图4-121

图4-122

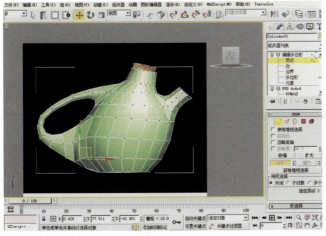

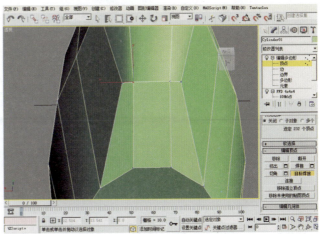

图4-123

图4-124

（16）切换到【边】子级中，选中如图4-125的线，在视图上点【右键】，点【删除】，注意这里不能使用键盘上的删除键，否则会把面删掉；用【环形】命令选择如图所示的线，点【连接】加入一圈中线。

（17）切换到【顶点】子级中，选中图4-126中所示的两个顶点，在视图上点【右键】【连接】，在两个顶点之间连出一根线；再连接另一边的点。

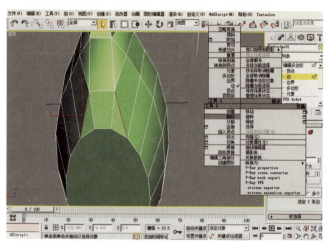
图4-125

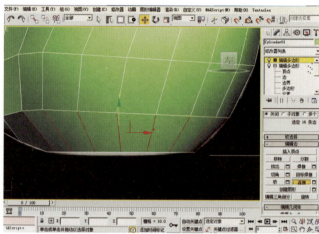
图4-126

（18）切换到【顶点】子级中，选中图4-127中的两个顶点，在视图上点【右键】【连接】，在两个顶点之间连出一根线；再【连接】另一边的点。

（19）切换到【多边形】子级中，选中壶顶上的面，用【插入】命令插入一个厚度（图4-128）；再用挤出工具往下挤出一个深度（图4-129）。

（20）在【多边形】中，选中壶底的面，用【插入】往里面插入3次，如图4-130。

（21）切换到【边】子级中，用【环形】命令选择一圈线，按住【Ctrl】键，到【多边形】子级上单击图4-131，就选择了一圈面，用【挤出】命令往下挤出一些厚度（图4-132）。

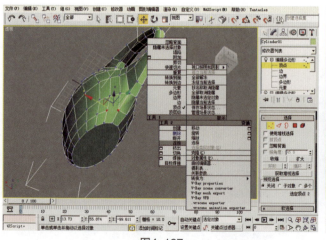
图4-127

图4-128

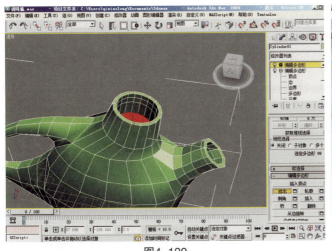

图4-129

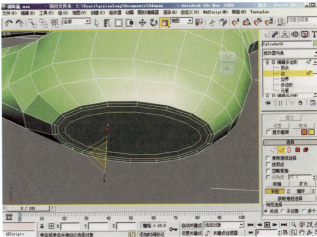

图4-130

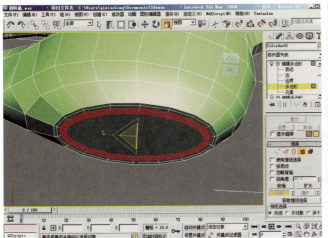

图4-131

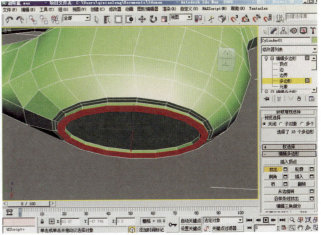

图4-132

（22）切换到【边】子级中，选择壶顶上的两圈线、壶口上的两圈线以及壶底的两圈线（图4-133），用【切角】命令切一个斜角出来，如图4-134，得到结果如图4-135。

（23）给壶添加【网格平滑】修改器，得到结果如图4-136。

（24）在顶视图创建一个【切角圆柱体】（图4-137），调整一下大小及分段，在修改列表中添加【FFD 2×2×2】修改器；在【控制点】子级中，用【缩放】工具，缩放控制点，调整造型，让它一头大一头小，放到壶顶的口上，得到结果如图4-138。

（25）调整好渲染角度，创建一个摄像机，创建一个【VRayPlane】，用【对齐】工具，放到酒壶的底部，如图4-139。

（26）创建一个【VRayLight】平面灯，调整好位置和参数，如图4-140。

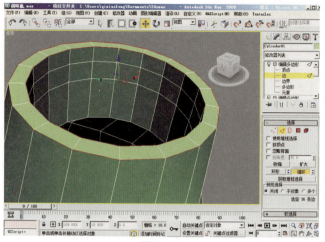

图4-133

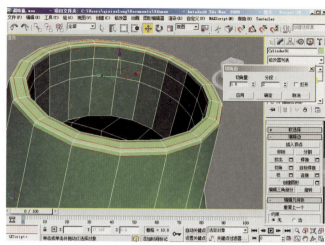

图4-134

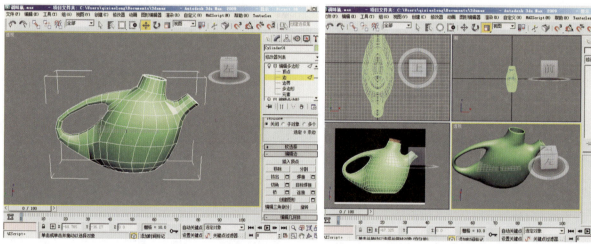

图4-135

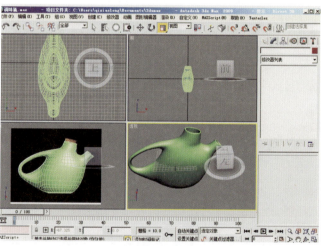

图4-136

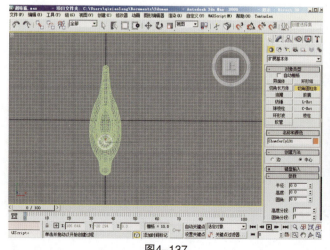

图4-137

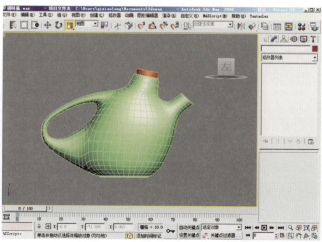

图4-138

项目四：包装设计表现

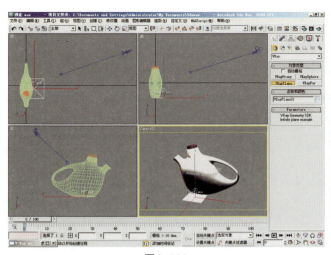

图4-139

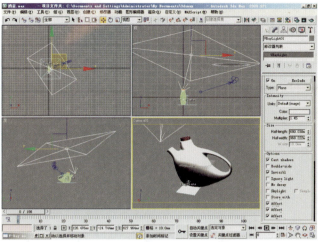

图4-140

（27）在渲染设置面板中，勾【GI Enviroment】环境光中的【ON】，把【Multiplier】倍增器调为"0.6"（图4-141）；把其他参数设置成如图4-142、4-143所示。

（28）创建陶瓷材质，指定给壶体，参数设置如图4-144；给地板指定一个材质，调节颜色为灰色，如图4-145；创建一个【木塞】材质，参数调为如图4-146所示，在【Diffuse】颜色处放一张木纹图片，把木纹图片拖动到【Displace】置换中，选择【复制】，如图4-147。

（29）测试渲染，得到如图4-148结果。

（30）创建一个【光度学】中的【目标灯光】，用来照亮【酒壶】的边缘，调整好位置和参数，如图4-149，把地板排除照明和投射阴影，如图4-150。

（31）把渲染设置中的参数调高，参考上一个实例设置，渲染最终效果图和通道图，得到结果如图4-151、图4-152所示。

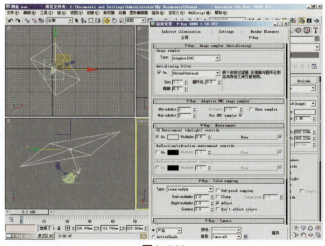

图4-141

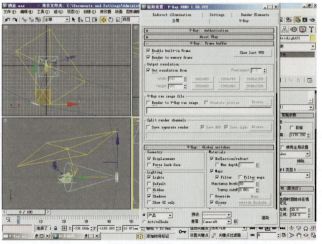

图4-142

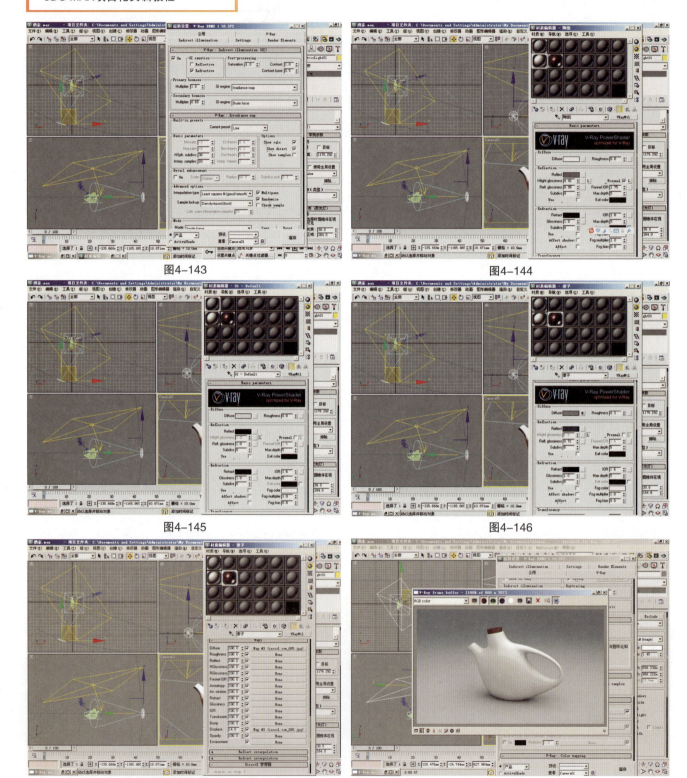

图4-143　　　　　　　　　　　　　图4-144

图4-145　　　　　　　　　　　　　图4-146

图4-147　　　　　　　　　　　　　图4-148

项目四：包装设计表现

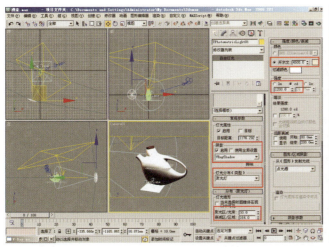

图4-149

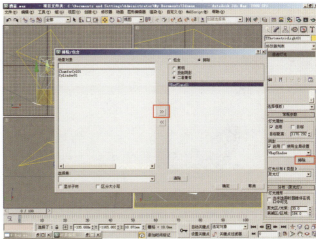

图4-150

图4-151

图4-152

三、综合技能

本结介绍系列包装实例

（1）制作饮料瓶：打开一个新场景，在场景中创建一个球体（图4-153），在修改面板调节好【分段】数为"15"（图4-154）。

（2）选中球，添加【FFD 3×3×3】修改器，在其【控制点】子级中，选中控制点，用【移动】【缩放】工具调整造型，如图4-155；再添加【编辑多边形】修改器，在【顶点】子级中，微调造型，如图4-156。

（3）在【顶点】子级中，按隔一点选两个点的规则选中图4-157中所示的顶点，点【焊接】命令，把【焊接阀值】调大，相邻的两个点被焊接为一个点（图4-158）。

（4）焊接完成后，不要取消选择，点【切角】命令，设置好【切角量】，点【确定】（图4-159）。再选中所有物体底部的顶点，点【焊接】命令，不要把【焊接阀值】调的过大，如图4-160。

3DS MAX项目化实训教程

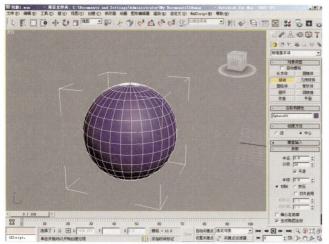

图4-153

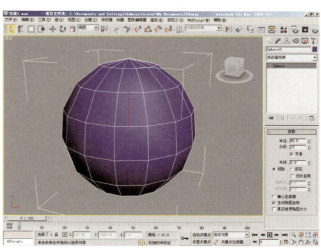

图4-154

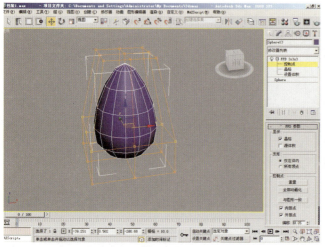

图4-155

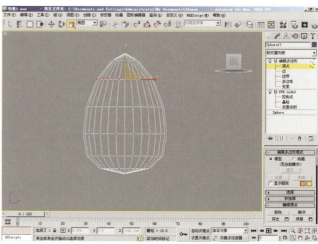

图4-156

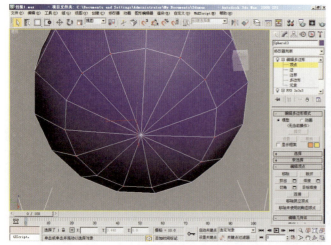

图4-157

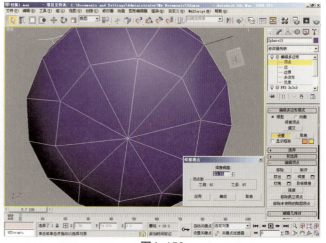

图4-158

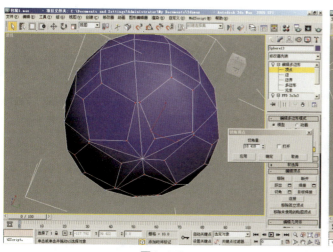

图4-159

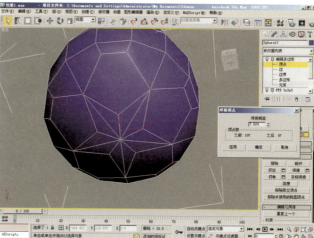

图4-160

（5）切换到【多边形】子级中，选中物体底部的5个面，点【倒角】命令，弹出【倒角多边形】对话框，设置倒角类型为【按多边形】，调节【高度】和【轮廓量】的参数，如图4-161；给这些面倒角两次，如图4-162。

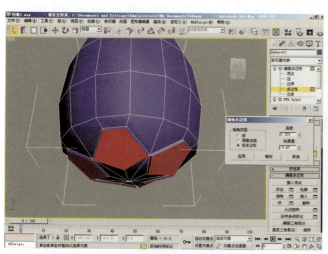

图4-161

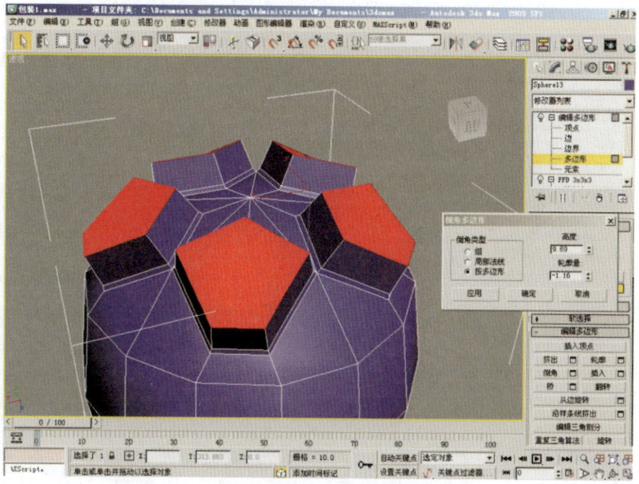

图4-162

（6）保持倒角面选中，点【缩放】工具，更改坐标点为【使用选择中心】，如图4-163；先进行三维缩小（图4-164），再沿着Z轴缩小，把5个面缩平一些（图4-165）；再点【倒角】命令（图4-166），使用两次（图4-167）；用【缩放】工具调整造型（图4-168）。

（7）保持倒角面选中，点【塌陷】命令，使5个多边形面变成5个顶点，如图4-169。

（8）切换至【顶点】子级中，选中顶点（图4-170），点【Delete】键删除（图4-171）。

（9）切换到【边界】子级中，按住【Shift】键不放，点【移动】工具，沿着Z轴拖动，每移动一下，相当于挤出一次，如图4-172；点【缩放工具】，按住【Shift】键，沿着XOY平面缩放（图4-173），多次使用后结果如图4-174所示。

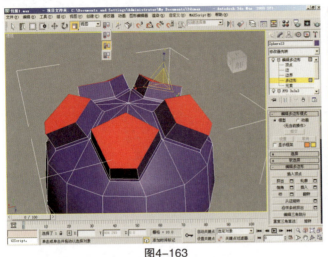

图4-163

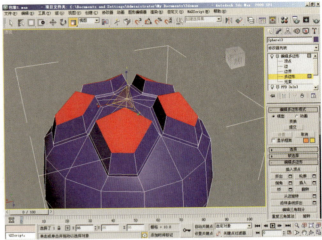

图4-164

图4-165

图4-166

图4-167

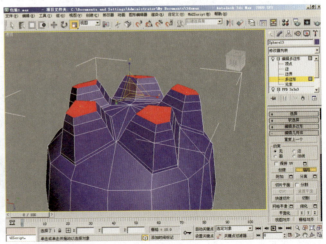

图4-168

项目四：包装设计表现

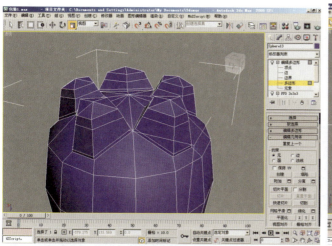

图4-169

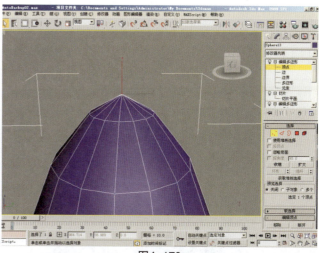

图4-170

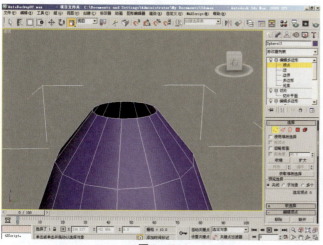

图4-171

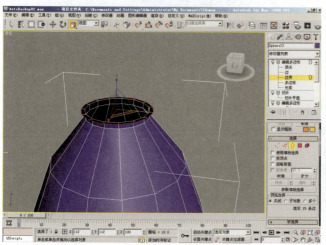

图4-172

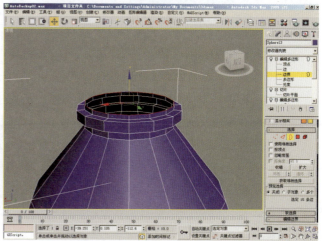

图4-173

图4-174

（10）推出【边界】子级，添加【网格平滑】修改器，如图4-175。

（11）用创建面板【图形】中的【线】画造型，如图4-176；切换到【顶点】子级中，分别选择顶点，点【圆角】命令，给线条倒角（图4-177）；在修改器列表中添加【车削】修改器，调节参数如图4-178所示。

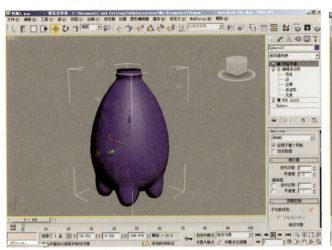

图4-175　　　　　　　　　　　　　　图4-176

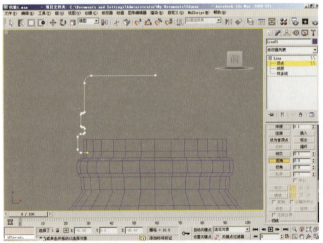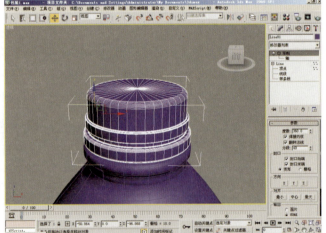

图4-177　　　　　　　　　　　　　　图4-178

（12）把盖子和瓶体选中，点【组】菜单中的【成组】，命名后点【确定】（图4-179）。

（13）在前视图画【椭圆】线，如图4-180；在视图上点【右键】，转换为【可编辑的样条线】。激活【顶点】子级，选中最低端的点，点【右键】，把点的属性改为【角点】（图4-181）。

（14）在前视图画圆，点【对齐】命令，在【椭圆】造型上点击，勾选【X位置】，选择两个【中心】，点【确定】（图4-182）。

（15）选中椭圆，在修改面板中，点【附加】命令，在圆上点击（图4-183）；添加【挤出】修改器，调节数量参数，如图4-184。

项目四：包装设计表现

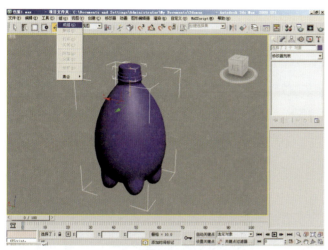
图4-179

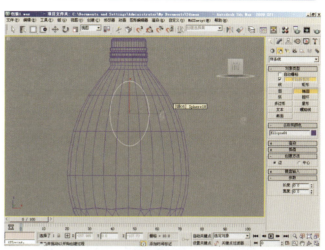
图4-180

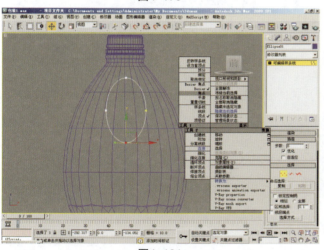
图4-181

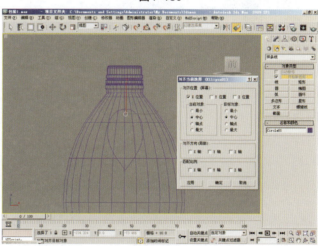
图4-182

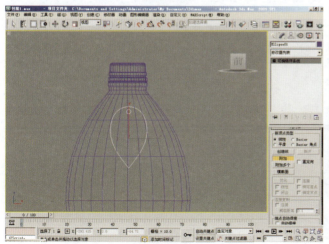
图4-183

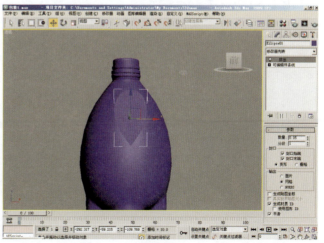
图4-184

（16）画圆线，用【移动】工具调整好位置；添加【FFD 4×4×4】修改器，在【控制点】子级中调整造型；添加【可渲染样条线】修改器，更改参数，得到如图4-185造型。

（17）选中这4个物体，点【组】菜单中的【成组】，命名后点【确定】（图4-186）。

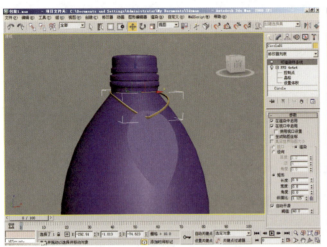
图4-185

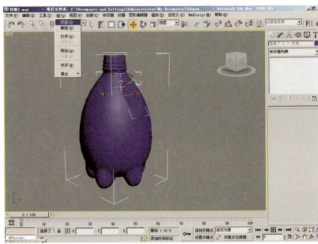
图4-186

（18）选中整个造型，按住【Shift】键，用【移动】工具沿着Z轴复制3个；用【旋转】和【移动】调整好角度和位置。

（19）在顶视图画矩形，调节【圆角】参数；再画一个圆；选中圆，用【对齐】工具对齐矩形，如图4-187。沿着X轴复制3个物体，设置参数如图4-188，得到如结果图4-189。

（20）选中【矩形】，在视图上点【右键】，点【转换为可编辑的样条线】（图4-190）；切换到【线段】子级，选中矩形两个最长的线段，更改【拆分】参数为"5"，点【拆分】按钮（图4-191）；切换到【顶点】子级，到顶视图中，用【缩放】工具沿着Y轴调整造型（图4-192）。

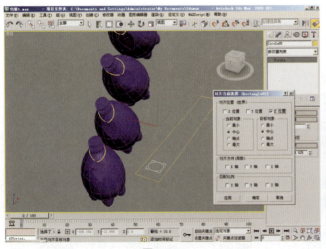
图4-187

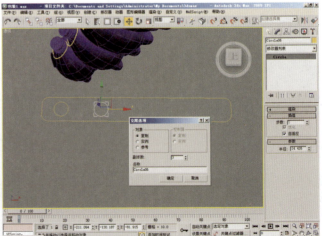
图4-188

项目四：包装设计表现

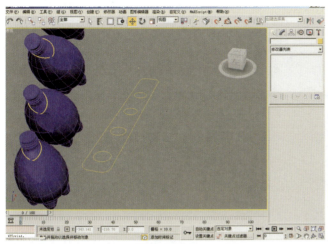

图4-189　　　　　　　　　　　　图4-190

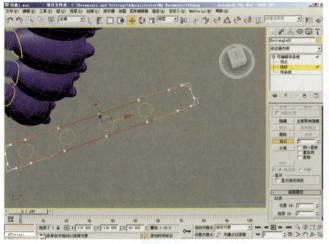

图4-191　　　　　　　　　　　　图4-192

（21）调整造型后，画一个椭圆，用【对齐】工具调整位置；选中矩形物体，在修改面板中，点【附加】命令，在其他几个圆和椭圆上点击，如图4-193。

（22）选中矩形物体，在视图上点击【右键】，把线条转换为【可编辑网格】；添加【细分】修改器，把【大小】数值调小，数值小，造型的三角面就越小，软件运行速度就越慢；添加【FFD长方体】修改器，点【设置点数】，改为"4×20×4"，在【控制点】子级中，调整造型，如图4-194。

（23）在前视图画弧，调节数值，勾选【反转】项（图4-195）。

（24）把【矩形】面添加【壳】修改器，调节【外部量】，勾【倒角边】，点【None】，再点击弧，得到如图4-196。

（25）创建摄像机：在透视图中，旋转角度，调整到一个观察角度（图4-197），按【Ctrl】+【C】，创建了一个摄像机，在修改面板调节参数，如图4-198。

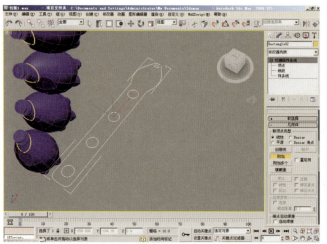

图4-193

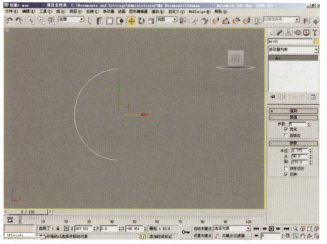

图4-195

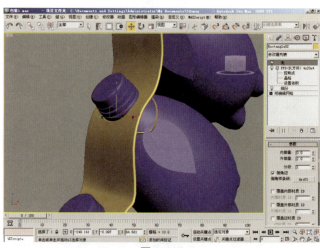

图4-196

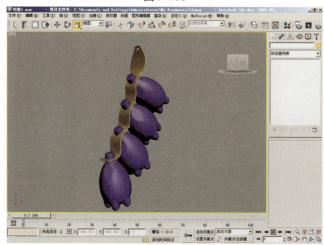

图4-197

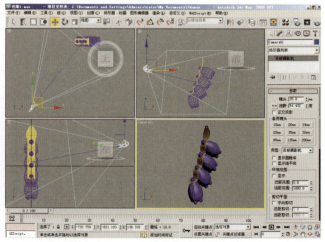

图4-198

（26）在左视图中画线，如图4-199；添加【挤出】修改器，用【旋转】工具调整角度，挡住摄像机中的背景，如图4-200。

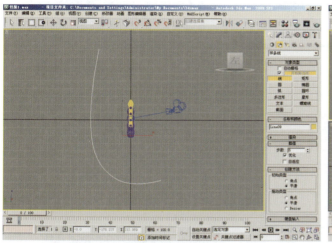

图4-199

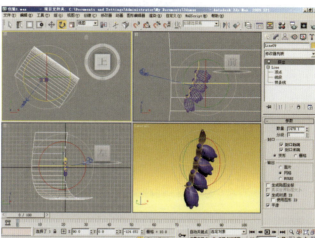

图4-200

（27）点材质编辑器，或按【M】，拖一个材质球给背景，把颜色调节为深灰色（图4-201）。

（28）给瓶子指定材质，调节参数，如图4-202。

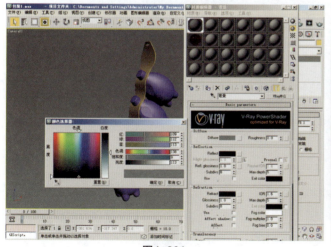

图4-201

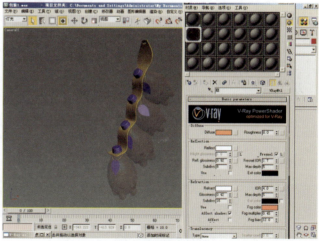

图4-202

（29）拖一个材质球给标签物体，点【Standard】，把材质改为【VRayMtl】材质（图4-203）。在【Diffuse】添加【位图】（图4-204）选择标签图片，点【打开】，在【PSD输入选项】中，点【单个层】，在选择PSD图层中的图像，点【确定】（图4-205）；把【模糊】值改为"0.01"（图4-206）；把标签物体选中，添加【UVW贴图】修改器，调节【长度】和【宽度】参数，在【Gizmo】中调整位置（图4-207）。

（30）给"纸提"指定材质球；把材质改为【VRayBlendMtl】，并命名"纸提"（图4-208）。

（31）点【Base material】后的【None】，双击【VRayMtl】材质球（图4-209），给它命名为【底色】，更改【Diffuse】的颜色，如图4-210。

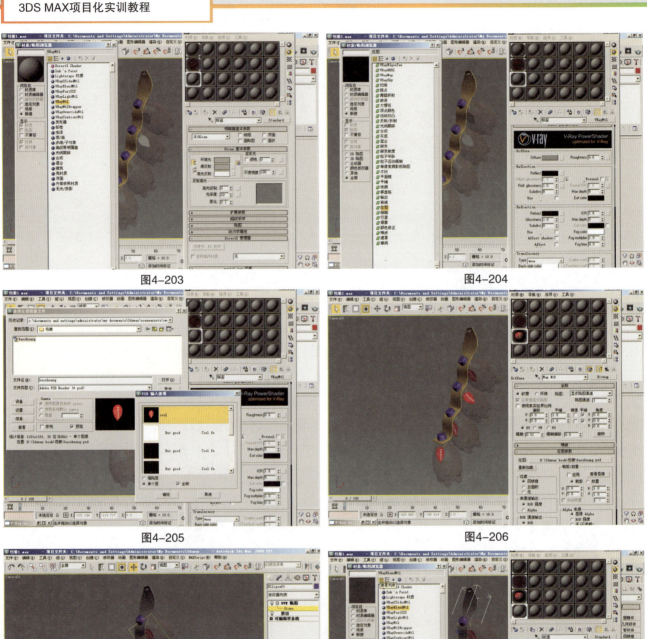

图4-203

图4-204

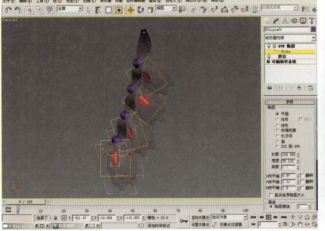

图4-205

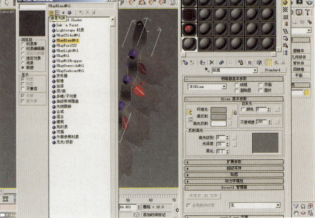

图4-206

图4-207

图4-208

项目四：包装设计表现

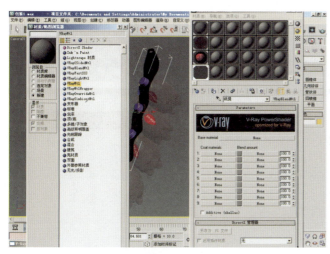

图4-209

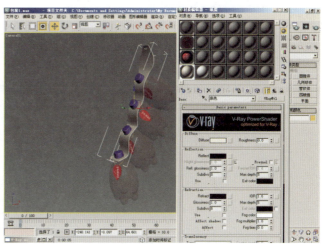

图4-210

（32）把底色材质拖到【1】【2】的【None】，如图4-211；点【1】中的材质，命名为"图案"，在【Diffuse】处放一个位图（图4-212）；更改【坐标】中的参数，如图4-213。

（33）点【转到父对象】，点【图案】材质的【None】（图4-214），选择【位图】，选择黑白图，点【确定】（图4-215）。更改【坐标】中的参数，如（图4-216）。

（34）点【转到父对象】；点【2】中的材质，命名为"文字"；在【Diffuse】处放一个位图（图4-217），更改【坐标】中参数（图4-218）。

（35）点【转到父对象】，点【文字】材质后的【None】，选择【位图】，放一张黑白图片（图4-219）；更改【坐标】中参数如图4-220。

（36）选中"纸提"物体，添加【UVW贴图】修改器，更改【长度】和【宽度】的大小，在【Gizmo】中调整位置，如图4-221；再添加一个【UVW贴图】修改器，更改【贴图通道】为【2】，调节【长度】和【宽度】的大小，在【Gizmo】中调整位置，如图4-222。

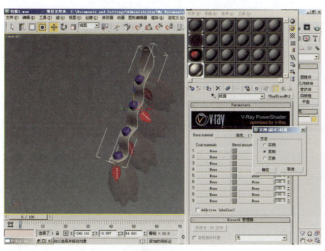

图4-211

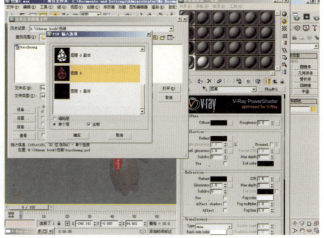

图4-212

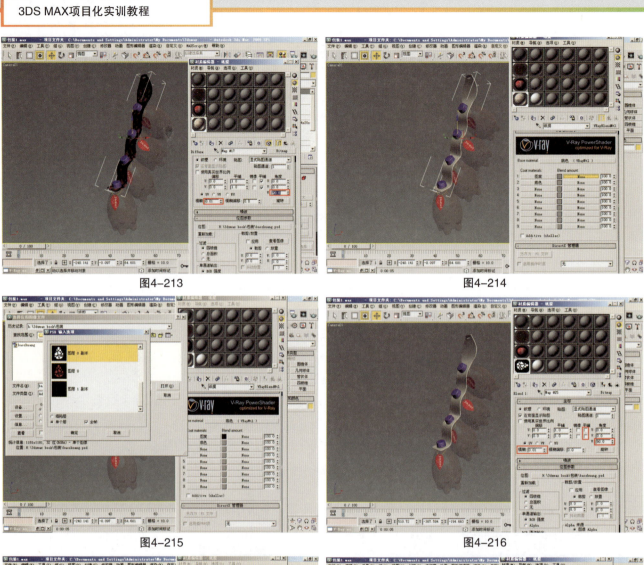

图4-213

图4-214

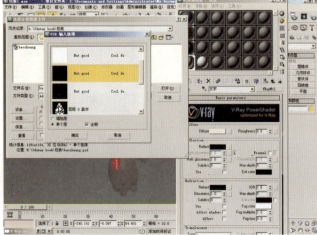

图4-215

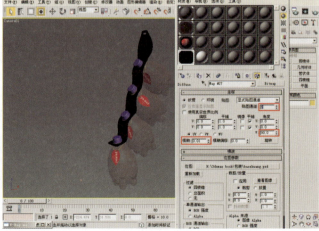

图4-216

图4-217

图4-218

项目四：包装设计表现

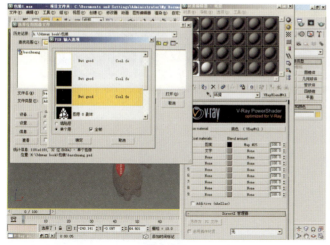

图4-219

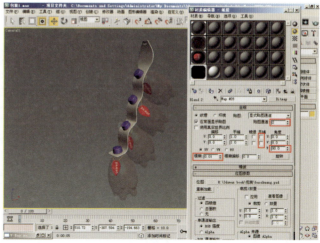

图4-220

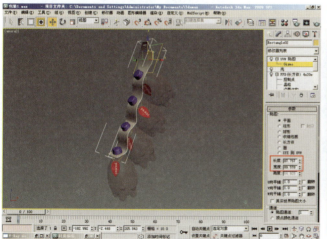

图4-221

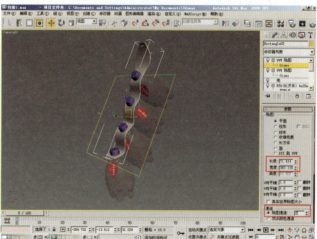

图2-222

（37）给盖子和绳子指定材质，调节参数，如图4-223、图4-224、图4-225。

（38）布置灯光：用【光度学】中的【目标灯光】在摄像机的左上方打向物体，在【灯光分布（类型）】中选择【聚光灯】，在【强度/颜色/衰减】中，调节灯光强度的【cd】数值，如图4-226。

点【排除】，弹出【排除/包含】对话框，选择【包含】，把背景物体移动右边框内，点【确定】（图4-227）；这个光源用来照亮背景。

（39）在物体的正上方创建一个【VRay】的平面光，调整好大小，参数设置如图4-228。

（40）在摄像机的右边创建一个【VRay】的平面光，调整好大小，参数设置如图4-229。

（41）在物体的下方创建一个【VRay】的平面光，调整好大小，参数设置如图4-230。

（42）渲染参数设置，按【F10】；测试参数设置如图4-231~图4-236。

（43）最终渲染参数设置如图4-237 ~ 图4-242。

（44）最终渲染结果如图4-243；渲染各物体的通道图，如图4-244，通道图便于后期处理图片。

3DS MAX项目化实训教程

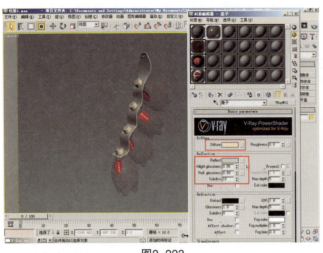

图2-223

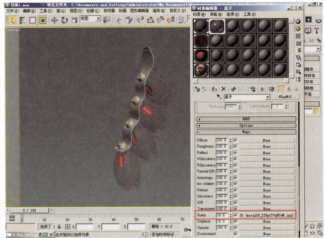

图2-224

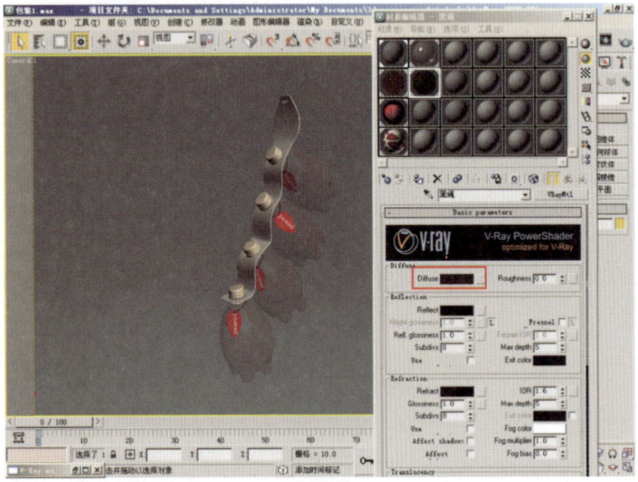

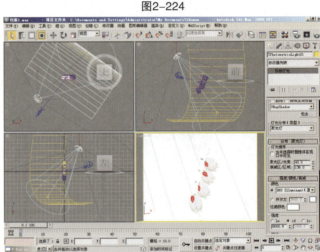

图2-225

图4-226

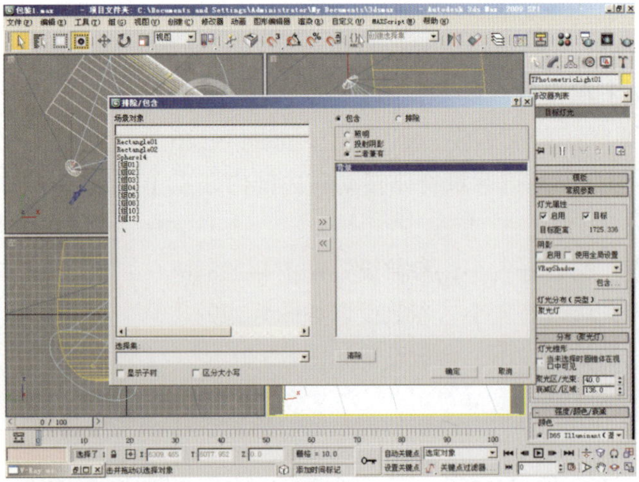

图4-227

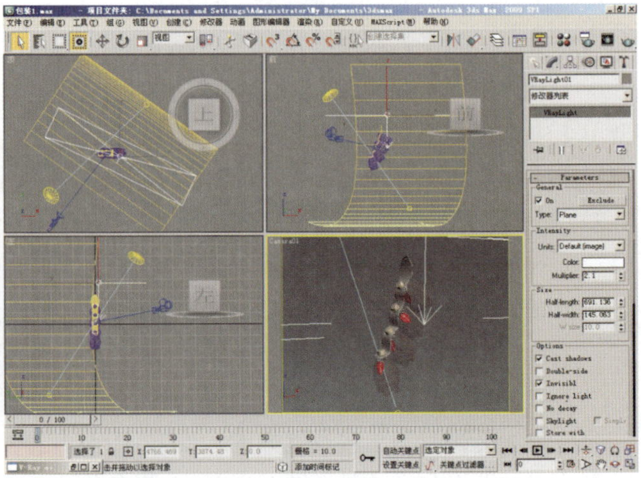

图4-228

104　3-Dimension Studio Max

项目四：包装设计表现

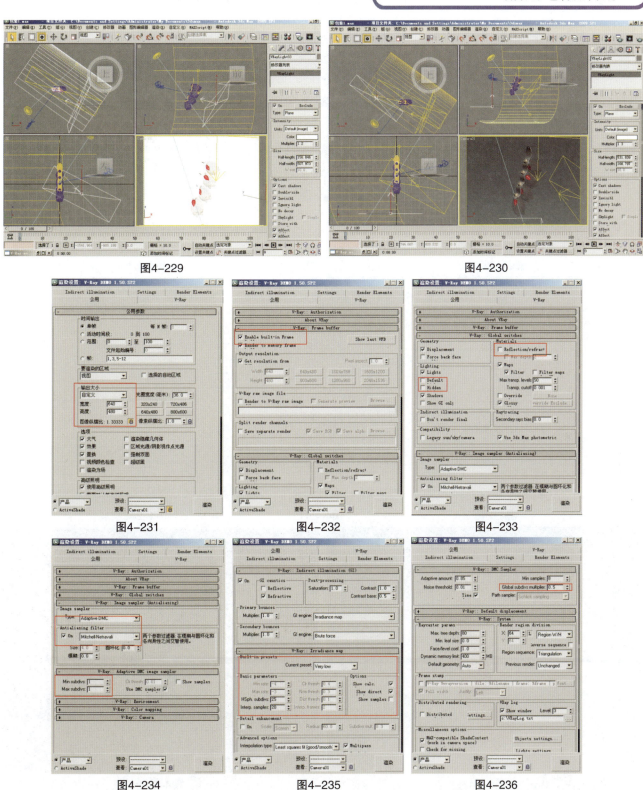

图4-229　　　　　　　　　　　图4-230

图4-231　　　　　图4-232　　　　　图4-233

图4-234　　　　　图4-235　　　　　图4-236

3DS MAX项目化实训教程

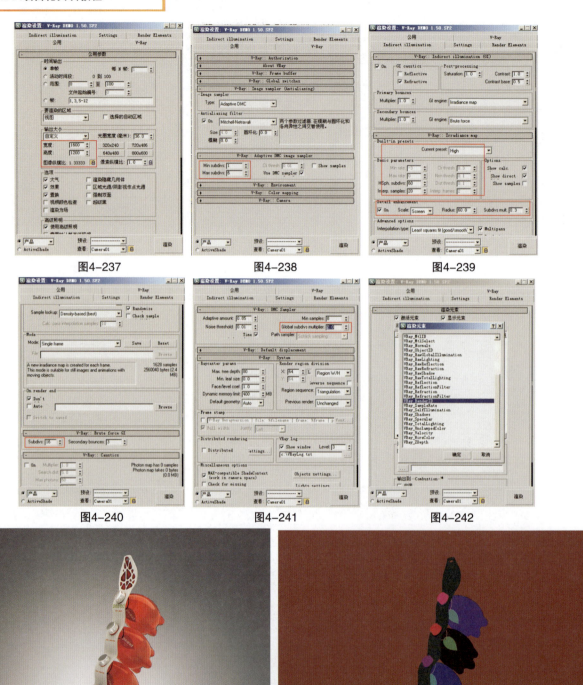

图4-237　　　　　图4-238　　　　　图4-239

图4-240　　　　　图4-241　　　　　图4-242

图4-243　　　　　　　　　　图4-244

3-Dimension Studio Max

四、考核标准

（一）考核形式
课堂上机操作。

（二）主要标准
（1）实例是否能顺利做的出来。
（2）渲染步骤是否有条理。
（3）对渲染各方面的参数能否有一定的理解。

（三）课后作业
自己设计1~2个产品包装，用3DS MAX做出效果图。

项目五：卫浴设计表现

一、基本知识

（一）图纸

把设计好的图纸（三视图）用数码相机拍成图片或用扫描仪扫描成图片，如果是一套造型，应画在一张大的图纸上，拍成一张图片，最好不要将单个物体分开拍，以免在建模过程中，不好把握各物体之间的比例。

（二）产品造型分析

造型分析，主要是要能想象得到物体的三维形状，知道产品的各个细节，产品局部跟局部之间的关系等；要思考各造型使用什么样的工具完成；有些造型可以一次工具成型，如同心圆的物体，则可以直接用车削，有些则比较复杂，要考虑先做什么再做什么，以免做无用功。

（三）多边形建模

对于大多数异形产品，则要使用多边形的建模方式。【编辑多边形】为选定的物体（顶点、边、边界、多边形和元素）提供显式和编辑工具。多边形建模过程中要遵循"先方后圆""先整体后局部"，结构线数量要"先少后多"等；结构线的分布要整齐，应尽可能成"井"字形；建模前应考虑模型结构线分布的情况。

（四）模型文件的【合并】与【导入】

【合并】或【导入】模型，要注意模型的文件类型，如". max"文件，点菜单【文件】【合并】；如果模型文件格式为".3ds"".obj"".dxf"等，点菜单【文件】【导入】。

（五）模型的【保存】与【导出】

【保存】与【导出】模型，如整个场景模型要保存为". max"文件，点菜单【文件】【保存】或【另存为】；如保存场景中的某一个或多个模型为". max"文件，先选中模型，点菜单【文件】【保存选定对象】；如场景中所有模型要导入到其他三维软件编辑，点菜单【文件】【导出】；如导出场景中某一个或多个模型，先选中模型，点菜单【文件】【导出选定对象】，在导出时选择不同的文件类型。

（六）渲染

对创建完成的模型指定材质、布置灯光，给物体找一个比较理想的角度"拍照"，就是渲染。渲染要注

项目五：卫浴设计表现

意步骤，按个人习惯，会有这么几步：①创建一个"摄像机"，调节好角度及摄像机的参数；②给物体指定材质，调节好物体的颜色或给物体贴图；③调节测试渲染参数，通常情况下，参数设置得比较低，渲染的速度会比较快。④布光，布光一般都是一个光打完，测试一下，调节一下强度、颜色和位置，接着再打下一个光。⑤整体调节光和材质，一般都是微调。⑥最终渲染，把参数调高，渲染的图片调大。

二、基本技能

（一）浴缸

（1）在【自定义】菜单栏中，点【系统单位设置】，选择【公制】【毫米】，点【系统单位比例】，选择【毫米】，点【确定】（图5-1）。

（2）在顶视图中创建一个矩形（图5-2）；在修改面板中修改它的参数，长度"915"，宽度"1700"（图5-3）；点【右键】把矩形【转换为可编辑样条线】（图5-4）。

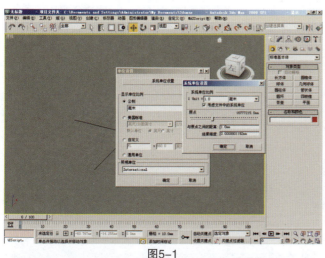

图5-1 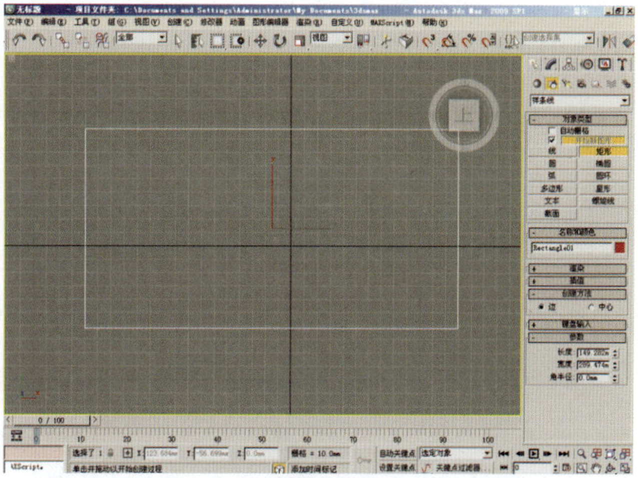　　　　　　　　　　　　　　图5-2

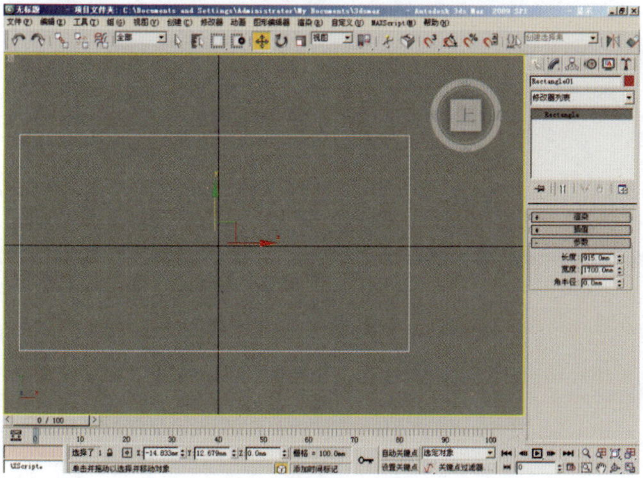

图5-3 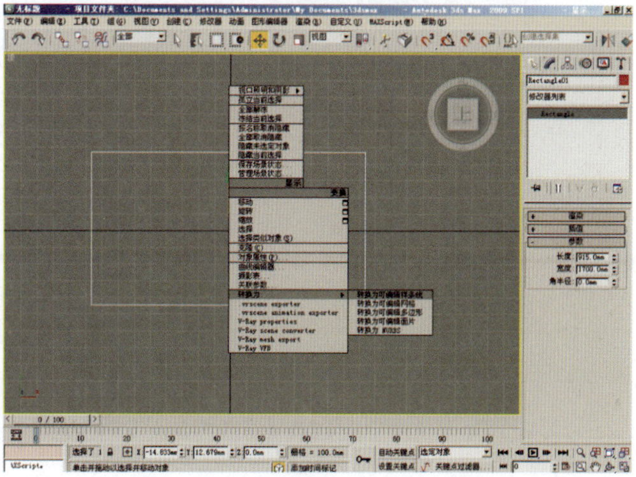　　　　　　　　　　　　　　图5-4

（3）在修改面板矩形的【样条线】子级中，选中线条，用【轮廓】命令增加一个厚度（图5-5）；切换至【线段】子级中，选中如图5-6中的线段，用【移动】工具沿着Y轴负方向移开一定的距离（图5-7）。

（4）切换至【顶点】子级，选中如图5-8的顶点，用【圆角】工具给造型倒角，得到图5-9造型；再选中造型内部的顶点（图5-10），也用【圆角】工具倒角得到图5-11造型。

（5）倒角完成后，添加一个【挤出】修改器，设置挤出数量"50"，作出浴缸台面造型图5-12。

（6）在顶视图画矩形，调节其参数，长度"500"，宽度"1370"，角半径"180"，如图5-13。用【对齐】工具点浴缸台面，弹出【对齐当前选择】，选【Z位置】，选两个【最大】，点【确定】（图5-14）。

（7）对齐完成后，点【移动】工具，点【绝对模式变换输入】，在【Z】轴输入"–450"（图5-15）；添加一个【编辑多边形】，造型成一个平面（图5-16）。

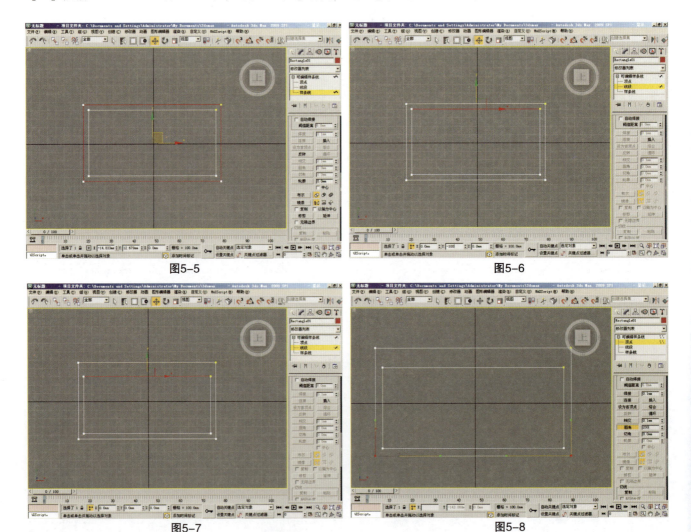

图5-5

图5-6

图5-7

图5-8

项目五：卫浴设计表现

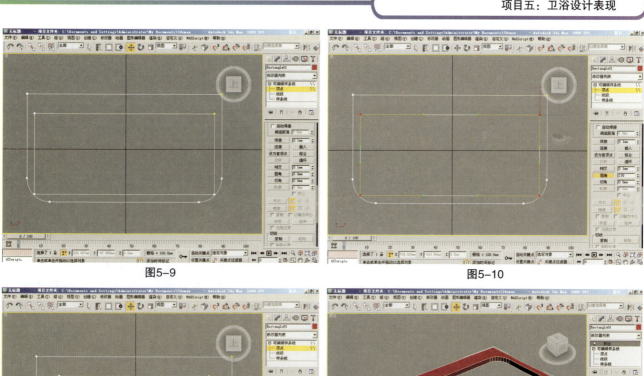

图5-9

图5-10

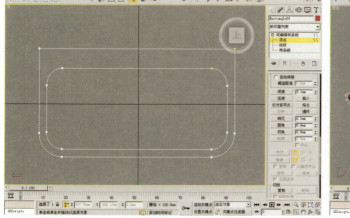

图5-11

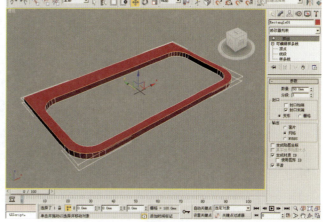

图5-12

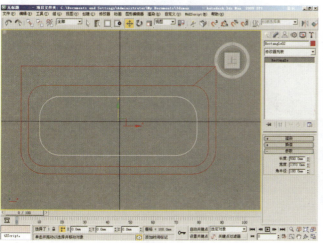

图5-13

图5-14

图5-15

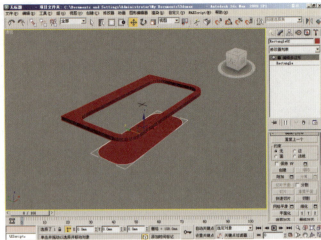
图5-16

（8）点【编辑多边形】中的【附加】，在浴缸台面造型点击（图5-17），两个造型结合成一个物体。激活【边界】子级，选中如图5-18中的边界，点【删除】键，得到图5-19造型。

（9）在【边界】子级中，点【桥】工具，在上面的边界处点击，拉出一根白线，在下面的边界处点击，得到图5-20造型。

（10）在顶视图画一个矩形，调节参数，【长度】"810"，【宽度】"1700"，【角半径】"200"，如图5-21。开【3D捕捉】，在捕捉工具上面点【右键】，弹出【栅格和捕捉设置】，在【捕捉】项勾【顶点】，在【选项】中勾【使用轴约束】和【将轴中心用作开始捕捉点】；用【移动】工具把矩形捕捉到浴缸边缘，如图5-22。

（11）在原地复制一个矩形，选中矩形，按【Ctrl】+【V】，弹出【克隆选项】（图5-23），点【确定】；在【偏移模式变换输入】的【Z】轴中输"-650"（图5-24）。

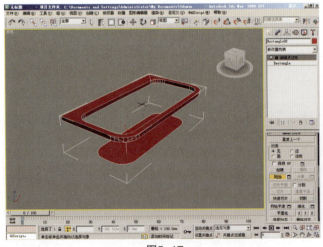
图5-17

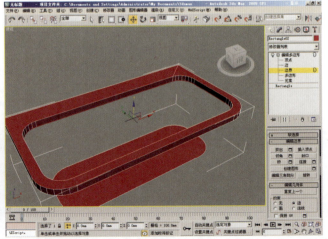
图5-18

项目五：卫浴设计表现

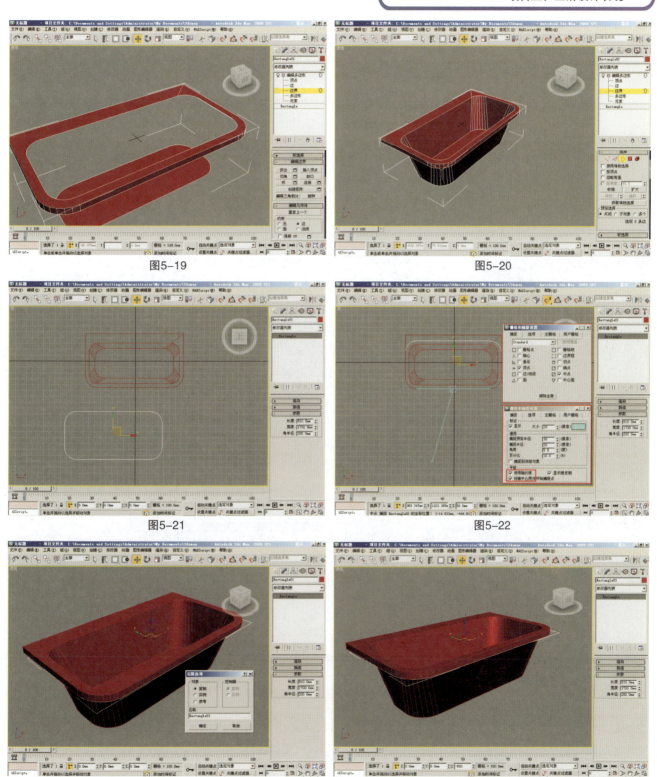

图5-19

图5-20

图5-21

图5-22

图5-23

图5-24

（12）选中两根矩形线，按【Alt】+【Q】，切换到【孤立模式】（图5-25）。再选中一个矩形，添加【编辑多边形】修改器，点【附加】命令，在另一个矩形上点击，得到图5-26中的造型。

（13）切换至【多边形】子级中，选中下面的多边形面，点【翻转】命令（图5-27）。

（14）切换至【边界】子级中，选中两根边界线，点【桥】命令，得到（图5-28）造型。

（15）切换至【多边形】子级中，点【插入】命令，在上面的多边形上插入一个厚度（图5-29），按【删除】键，删除中间的面（图5-30）。

（16）退出【多边形】子级；点【退出孤立模式】，显示所有物体（图5-31）；选中浴缸的内部，按【Alt】+【Q】，切换至【边界】子级，选中图中的边界，点【封口】，增加了一个面（图5-32）。

（17）在【多边形】子级中，用【插入】命令，在（图5-33）处插入一个面；点【删除】键把中间的面删除，得到如图5-34中的造型。

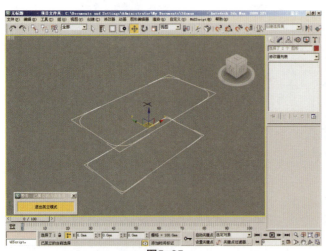

图5-25

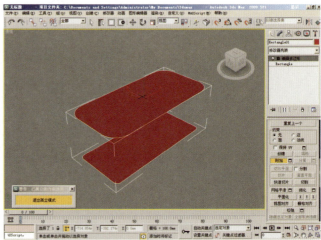

图5-26

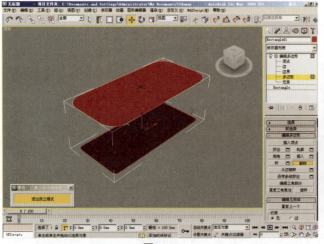

图5-27

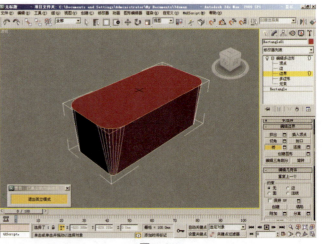

图5-28

项目五：卫浴设计表现

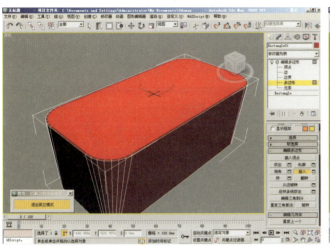

图5-29

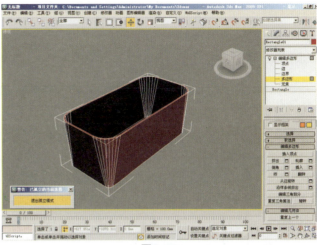

图5-30

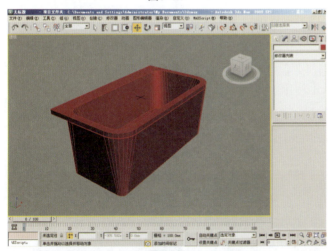

图5-31

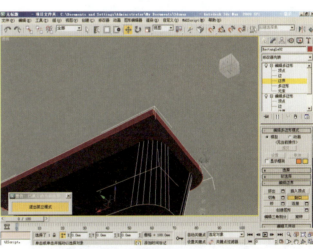

图5-32

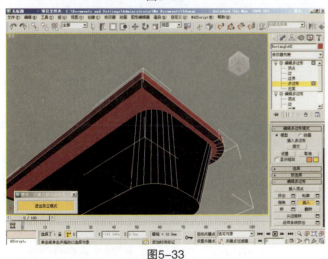

图5-33

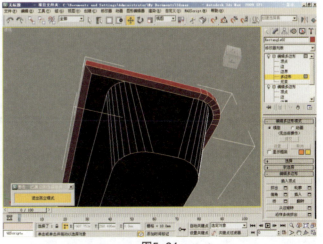

图5-34

（18）切换至【边】子级中，选中图5-35中的边，用【移动】工具，沿着Y轴的负方向，移动一定的距离。

（19）在【边】子级中，选中图5-36中的两个边，点【连接】命令，在两个边中间加一根中间线（图5-37）。

（20）加完线后，点【切角】命令的设置，弹出【切角边】对话栏，设置参数，切角量为"550.0"（图5-38）。

（21）切换至【多边形】子级中，选中两根边中间的面，点【挤出】命令，弹出【挤出多边形】对话框，设置如图5-39，点【确定】。点【退出孤立模式】，显示所有物体（图5-40）。

（22）选中浴缸内部物体，切换至【边】子级中，选中浴缸内部边缘线，点【切角】命令倒角，设置参数如图5-41。

（23）在【边】子级中，选中浴缸外部边缘线，点【切角】命令倒角，设置参数如图5-42；给浴缸内部底面的边也切角，参数如图5-43。

（24）给物体添加一个【平滑】修改器，勾选【自动平滑】（图5-44）得到图5-45效果。

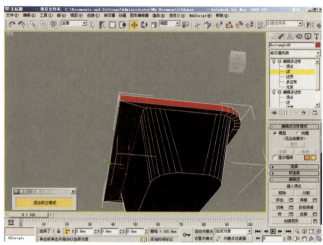

图5-35

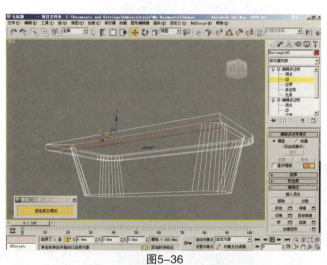

图5-36　　　　　　　　　　　　　图5-37

项目五：卫浴设计表现

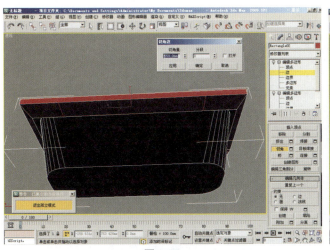

图5-38

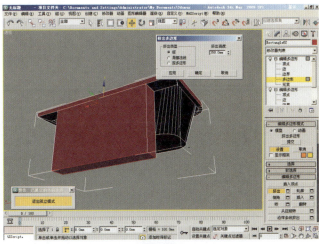

图5-39

图5-40

图5-41

图5-42

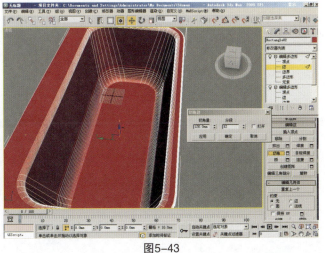

图5-43

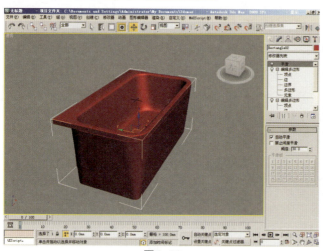

图5-44

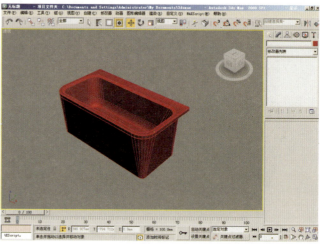

图5-45

（二）便器

（1）设置单位，点【自定义】菜单，点【单位设置】（图5-46），选择【公制】【毫米】，点【系统单位设置】选【毫米】，点【确定】（图5-47）。

（2）在前视图画一个【椭圆】如图5-48；到修改面板中，选中椭圆，在【插值】项，把【步数】调为"3"（图5-49）；【步数】的数值影响线条的光滑度：数值大，线条越光滑，顶点多；数值小，线条不光滑，顶点少。

（3）给椭圆添加一个【FFD长方体】，设置点数为"6×4×4"，在【控制点】子级中，调整造型（图5-50）；添加一个【倒角】修改器，调节参数如图5-51。

（4）添加一个【FFD 3×3×3】修改器，在【控制点】子级中，选择控制点，用【移动】【缩放】工具调整造型如图5-52、图5-53。

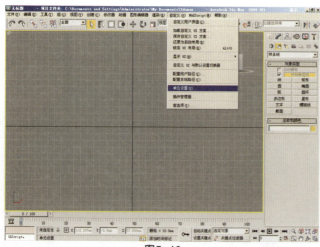

图5-46

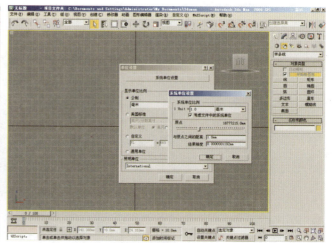

图5-47

项目五：卫浴设计表现

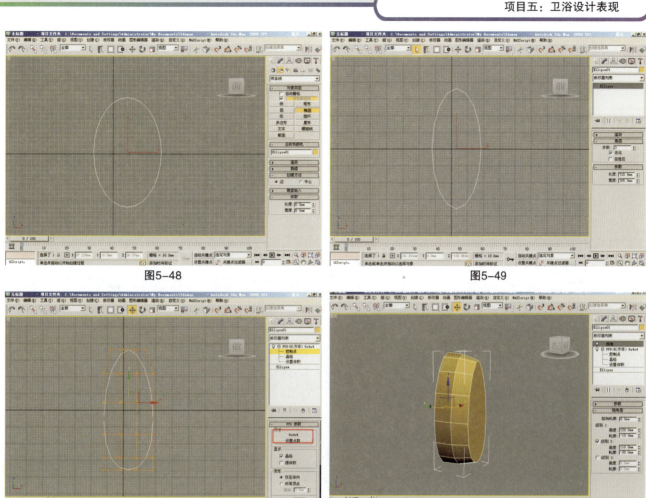

图5-48

图5-49

图5-50

图5-51

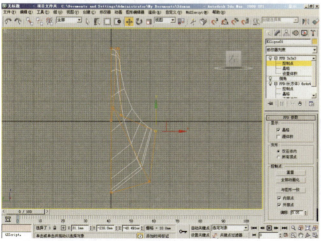

图5-52

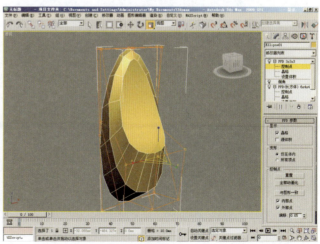

图5-53

119

（5）开【3D捕捉】：在【3D捕捉】命令上面点【右键】，在【捕捉】项勾【顶点】，在【选项】中勾【使用轴约束】；给物体添加【编辑多边形】修改器。

（6）切换至【顶点】子级中，用【移动】工具，配合着【轴约束】把上面的点定位在一个平面（图5-54、图5-55、图5-56），用【缩放】工具调整左右大小如图5-57。

（7）切换至【多边形】子级中，用【插入】命令把中间大面往造型里头插入厚度（图5-58）；再切换到【边】子级中，用【移动】工具调整上面的造型（图5-59）。

（8）切换到【顶点】子级中，用【缩放】工具，沿着X、Z轴分别调整造型（图5-60）。

（9）切换至【多边形】子级中，选中中间的大面，按【Delete】键删除面（图5-61）。

（10）切换至【边】子级中，选中顶部的两根边线，按住【Shift】键不放，用【移动】工具沿着Z轴放下拖，挤出两个面，点【平面化】命令的【Z】（图5-62）。用上面同样的方法，继续挤出，如图5-63。

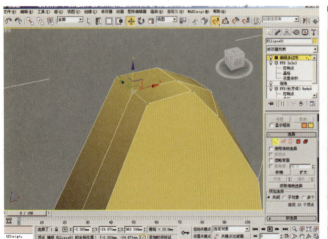

图5-54

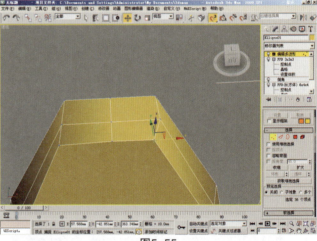

图5-55

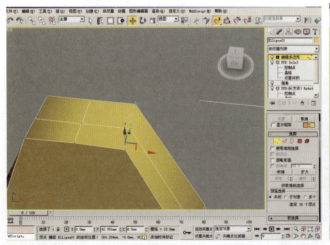

图5-56

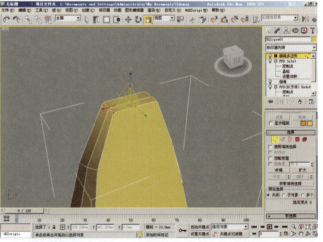

图5-57

项目五：卫浴设计表现

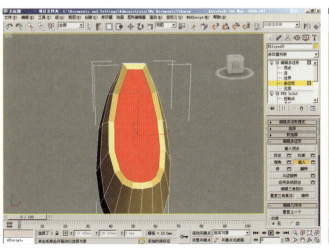

图5-58

图5-59

图5-60

图5-61

图5-62

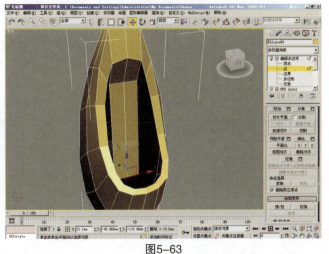

图5-63

（11）在【顶点】子级中，选中图5-64中的顶点，用【缩放】工具调整造型。

（12）切换到【边】子级中，选中图5-65中的边线，点【桥】命令。

（13）在【边】子级中，选中竖直的三根边线，点【连接】命令，设置分段数为"5"（图5-66）；用【桥】命令，把这些面连起来，效果如图5-67、图5-68、图5-69所示。

（14）选中造型内侧的一根边线，点【环形】（图5-70），选择了一环的边线；再点【连接】工具（图5-71）。

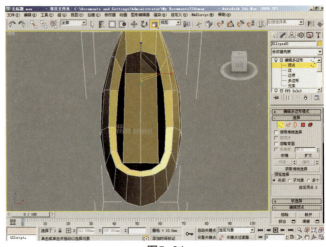

图5-64

（15）切换到【顶点】子级中，用【缩放】工具调整造型（图5-72）。

（16）切换到【边】子级中，选中一根内侧的边缘线，点【循环】，选择了一圈的线条（图5-73）；点【切角】工具，调节【切角量】数值为图5-74所示。

（17）用【循环】和框选的方法，按住【Ctrl】键把图5-75中的边线加选起来；点【切角】命令倒角，调节【切角量】，如图5-76。

（18）在【边】子级中，选中如图5-77的边线，点【切角】倒角（图5-78）。

（19）在【多边形】子级中，用【插入】命令，在造型的背面插入几个面（图5-79）。

（20）给物体添加一个【网格平滑】修改器，得到如图5-80结果。

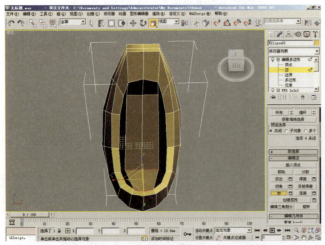

图5-65

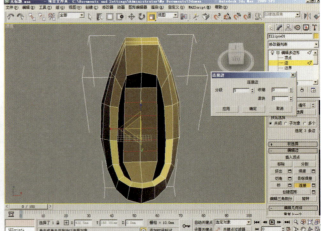

图5-66

项目五：卫浴设计表现

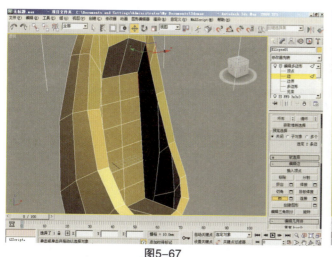

图5-67

图5-68

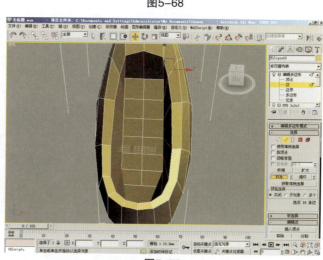

图5-69

图5-70

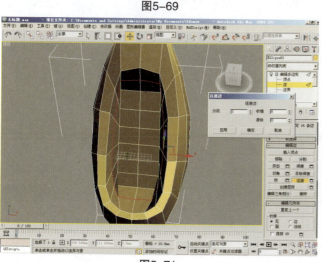

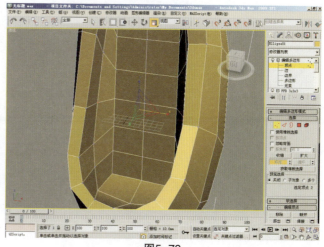

图5-71

图5-72

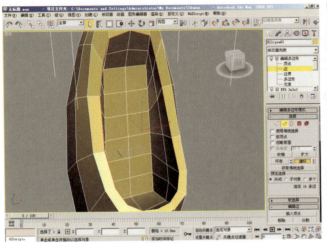
图5-73

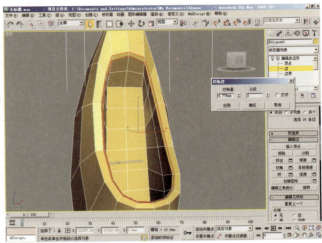
图5-74

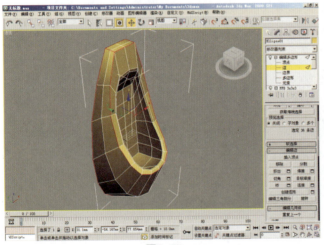
图5-75

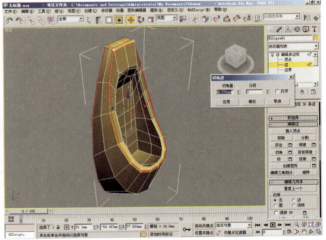
图5-76

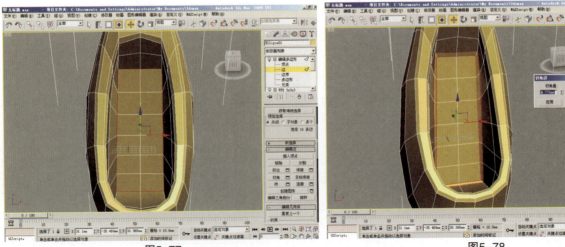

图5-77　　　　　　　　　　　　　　图5-78

项目五：卫浴设计表现

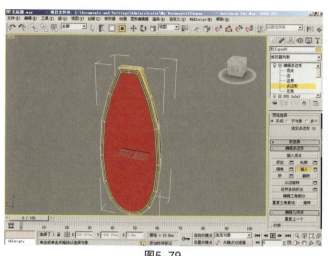

图5-79

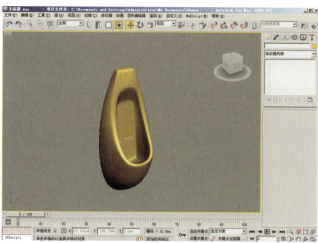

图5-80

（21）在前视图创建一个球（图5-81），用【缩放】工具调整好造型，如图5-82。用【旋转】【移动】工具调整角度和位置（图5-83）。

（22）创建一个球，调节好参数（图5-84）；添加【编辑多边形】修改器，切换至【多边形】子级中，按住【Ctrl】键，加选如图5-85的面，点【挤出】命令往下拉（图5-86），再用【挤出】往上拉（图5-87）。

（23）切换到【边】子级中，用【循环】命令选中如图5-88中的边线，点【切角】命令倒角如图5-89。

（24）添加一个【平滑修改器】，勾【自动平滑】如图5-90。

（25）选中两个小物体，用【对齐】工具，对齐物体，如图5-91。

（26）小便器的最终结果如图5-92所示。

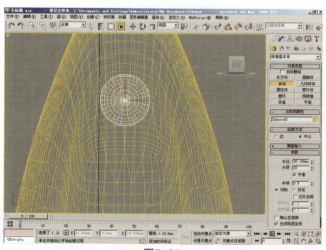

图5-81

图5-82

3DS MAX项目化实训教程

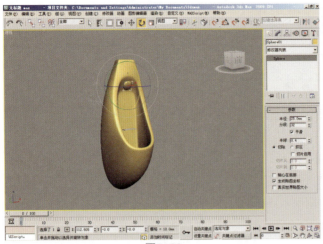

图5-83

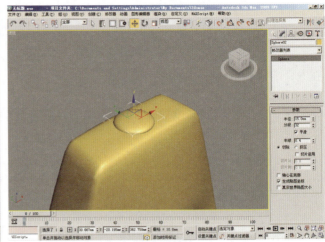

图5-84

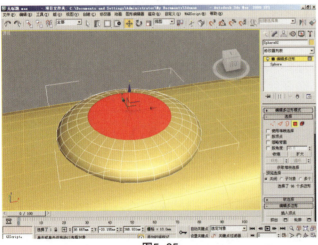

图5-85

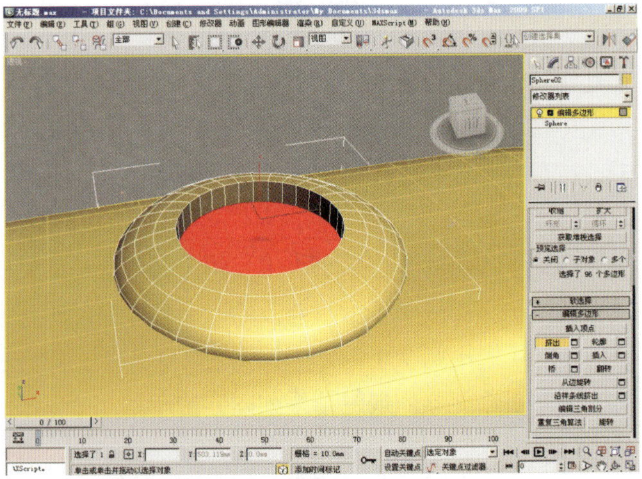

图5-86

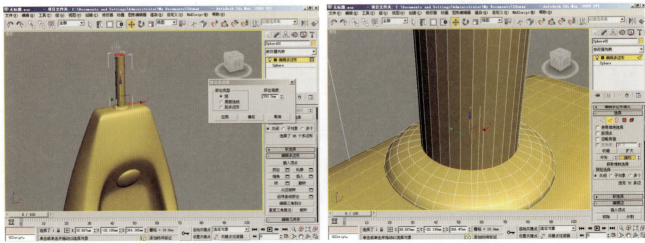

图5-87

图5-88

126　3-Dimension Studio Max

项目五：卫浴设计表现

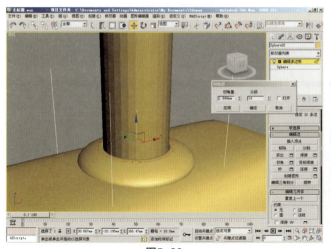

图5-89

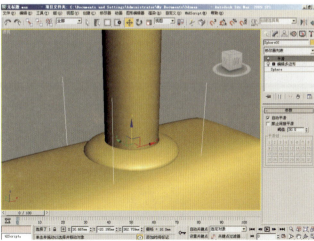

图5-90

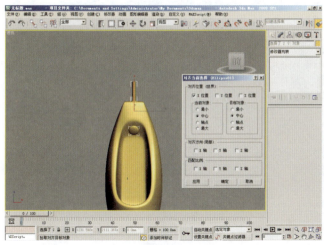

图5-91

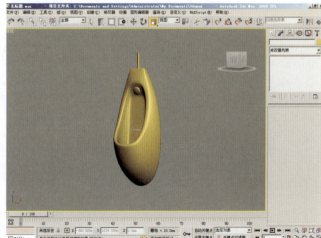

图5-92

（三）洗脸台

（1）在顶视图中，用【图形】中的【多边形】画出一条线，如图5-93；在修改面板中，添加【编辑多边形】修改器；在【顶点】子级中，选中如图5-94中的顶点，点【平面化】命令中的【X】轴，把顶点【X】轴方向平面化；退出【顶点】模式，添加一个【FFD 2×2×2】修改器，在【控制点】中用【移动】工具调整造型（图5-95）。

（2）添加一个【编辑多边形】修改器，到【多边形】子级中，选中间的面，用【插入】往造型中心增加一圈面（图5-96）；

（3）切换到【边】子级中，选中如图5-97中边，用【移动】【缩放】工具调整造型；再到【多边形】子级中，用【倒角】把选中的面往下挤出，同时缩小（图5-98）。【倒角】和【挤出】都可以挤出一个高度，不同之处在于【倒角】不仅可以挤出还可以缩放造型的大小。

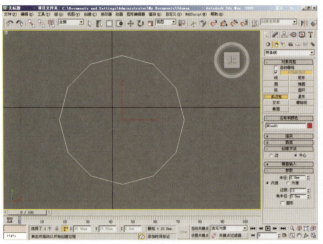
图5-93

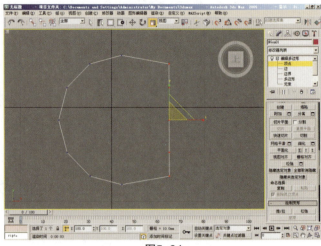
图5-94

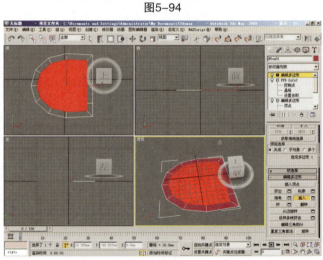
图5-96

图5-95

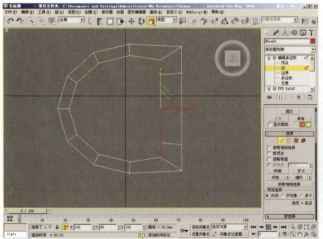
图5-97

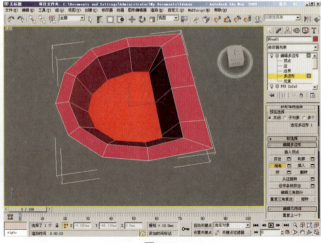
图5-98

项目五：卫浴设计表现

（4）用【倒角】工具再一次往下挤出并缩小一圈面（图5-99）；点【塌陷】命令，最下面的面变成了一个点，如图5-100。

（5）切换至【顶点】子级中，用【缩放】工具调整一下点的位置（图5-101）；选中心的点，点【切角】工具，在顶点处按住鼠标不放，往上拖曳，一个顶点被切出了一个圆形的圈（图5-102）。

（6）切换到【多边形】中，选中中心的面，用【挤出】工具往下拉，多拉几次，如图5-103、图5-104。

（7）到【边界】子级中，按住【Shift】键不放，点移动工具，沿着Z轴往下挤出，第一次挤出后不用缩放，后面几次挤出，每挤出一次要缩小一下（图5-105）。

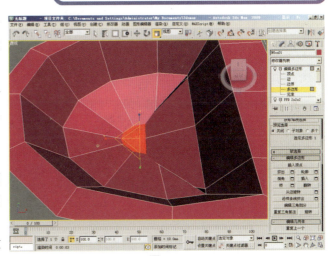

图5-99

（8）选中如（图5-106）中的面，点【平面化】中的X轴，选中的面被对齐在同一平面中。

（9）到【边界】子级中，选中造型最下面的边界，按住【Shift】键，用【移动】工具沿着Z轴挤出如图5-107所示的造型，多次挤出后，点【封口】命令（图5-108），封起底口。

（10）切换至【顶点】中，选中如图5-109中的点，用移动工具往X轴移动，调整造型。切换到【多边形】中，用【插入】命令把底面插入三次（图5-110）。

（11）切换到【边】子级中，选种如图5-111中的边线，选的过程中可以使用【循环】工具（图5-112），用【切角】命令对边线倒角（图5-113），添加一个【网格平滑】修改器（图5-114）。

（12）最终效果如图5-115所示。

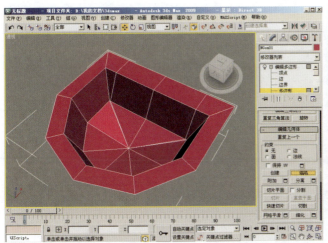

图5-100

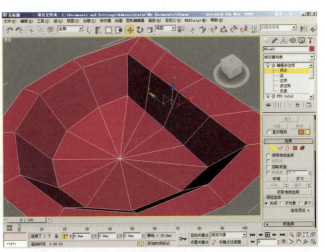

图5-101

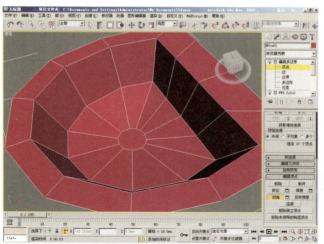

图5-102

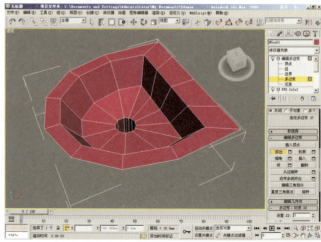

图5-103

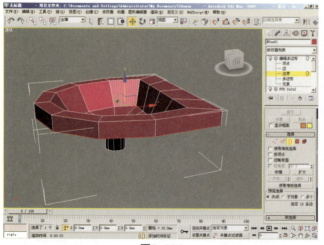

图5-104

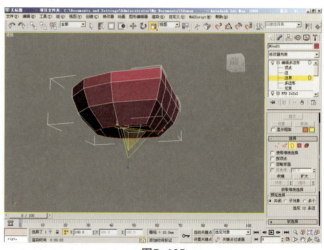

图5-105

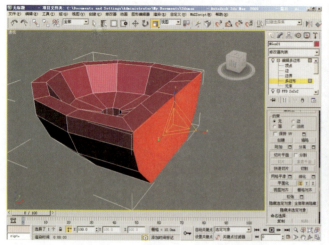

图5-106

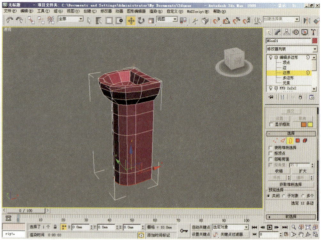

图5-107

项目五：卫浴设计表现

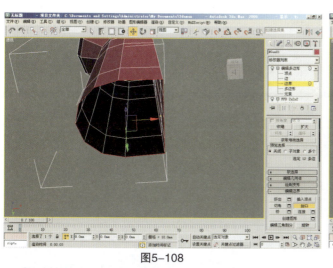

图5-108

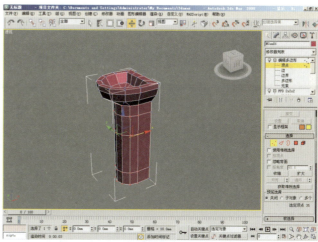

图5-109

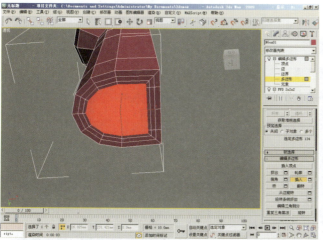

图5-110

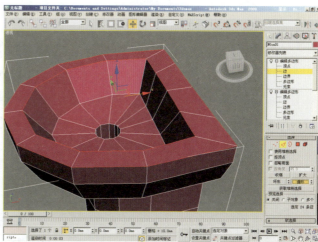

图5-111

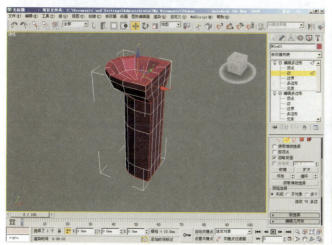

图5-112

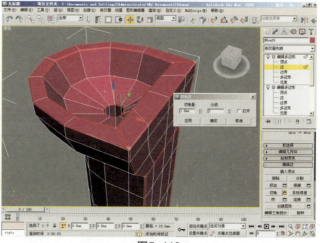

图5-113

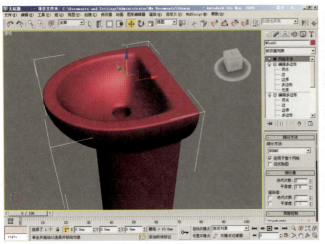

图5-114　　　　　　　　　　　　　图5-115

三、综合技能

（一）洗脸台的建模

（1）设置单位，在【自定义】菜单中点【系统单位设置】，选择【公制】【毫米】，在【系统单位比例】中也选【毫米】；在透视图创建一个长方体，调节参数如图5-116，在修改面板中添加【对称】修改器，选中【镜像】，在状态栏的【偏移模式输入】的【X】轴，输"57.7"，【回车】（图5-117）。

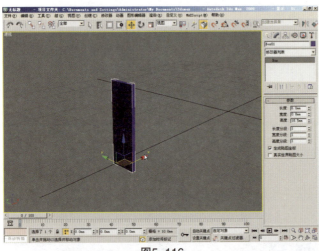
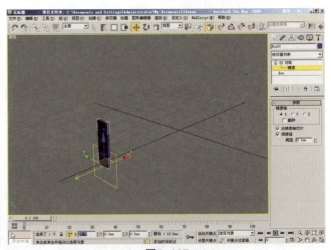

图5-116　　　　　　　　　　　　　图5-117

（2）再添加【对称】修改器，在对称参数中选【Y】，勾【翻转】；在【偏移模式输入】的【Y】轴中，输入"21"（图5-118），按【回车】键。得到四个"台脚"造型（图5-119）。

（3）在创建面板的【扩展基本题】中，点【切角长方体】命令，在透视图中创建一个切角长方体（图5-120），到修改面板调节参数，得到另一个造型（图5-121）。

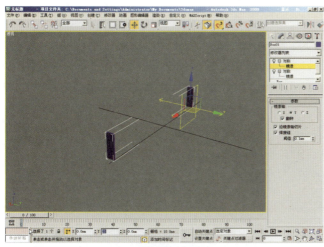

图5-118　　　　　　　　　　　　　　　　图5-119

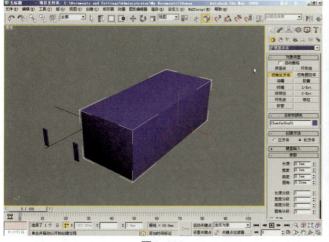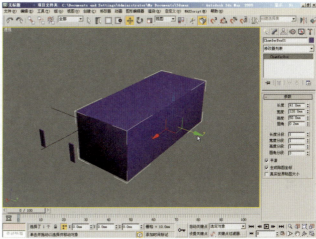

图5-120　　　　　　　　　　　　　　　　图5-121

（4）选中切角长方体，按住【Shift】键不放，用移动工具复制一个抽屉，在修改面板调节参数如（图5-122），再选中抽屉，用同样的方法复制其他三个抽屉（图5-123）。

（5）用【对齐】工具把四个抽屉对齐成相邻关系；选中四个抽屉，点【组】菜单，【成组】如图5-124所示。

（6）选中抽屉，点【对齐】工具，在造型2上点击，选【X位置】【Z位置】，勾两个【中心】，点【应用】，如图5-125，再选【Y位置】，在当前对象选【最小】，在目标对象选【最大】，点【确定】（图5-126）。把造型2和四个抽屉都选中，点【成组】（图5-127）。

（7）选中成组物体，用【对齐】工具对齐【桌腿】，先选择【X位置】【Y位置】和两个【中心】，点【应用】（图5-128）；再选择【Z位置】，在当前对象中选【最小】，在目标对象中选【最大】，点【确定】，得到如图5-129结果。

3DS MAX项目化实训教程

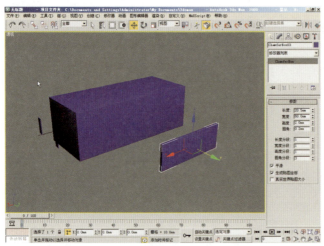

图5-122   图5-123

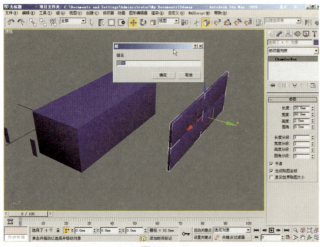 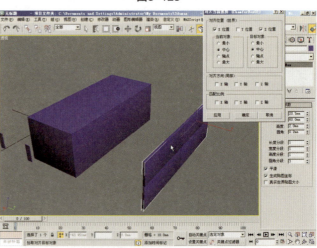

图5-124   图5-125

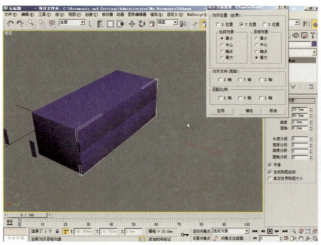 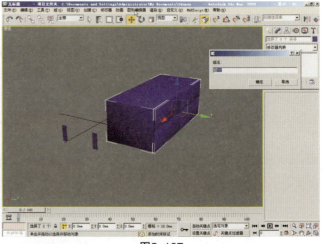

图5-126   图5-127

3-Dimension Studio Max

项目五：卫浴设计表现

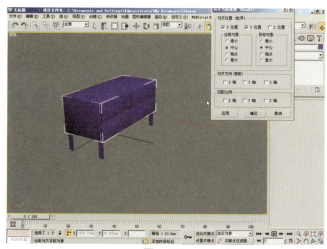

图5-128

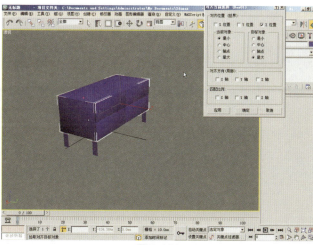

图5-129

（8）选中成组物体，点【组】菜单，【打开】如图5-130，选中四个抽屉，按住【Shift】键，用【移动】工具沿着Y轴拖动复制（图5-131），在修改面板调节其中一个参数，再用【对齐】工具，对齐大的长方体，如图5-132。

（9）选中大长方体，用【移动】工具，按【Shift】键，沿着Z轴复制物体，调节参数如图5-133。再沿着Z轴复制一个物体，调节参数如图5-134，完成后点【组】菜单，点【关闭】（图5-135）。

（10）在创建面板的【图形】中，点【椭圆】命令，在【顶视图】创建一个椭圆，调节参数如图5-136；按【Alt】+【Q】，用【孤立模式】把其他物体隐藏掉，添加一个【FFD 3×3×3】修改器，在【控制点】中调整造型（图5-137）。

（11）选中线，添加一个【挤出】修改器，在挤出参数中调节，数量为"20.0"，分段为"3"，把【封口末端】的钩去掉（图5-138）；再添加一个【FFD 3×3×3】，用【缩放】工具调整【控制点】的造型，如图5-139。

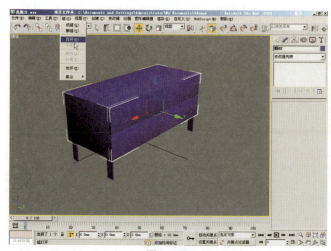

图5-130

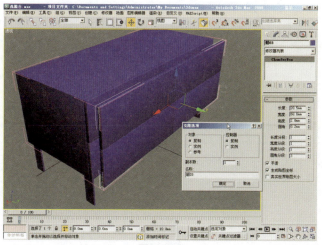

图5-131

3DS MAX项目化实训教程

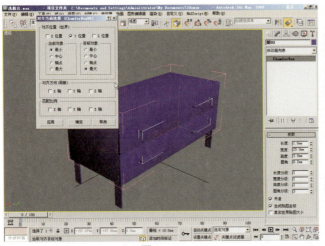

图5-132

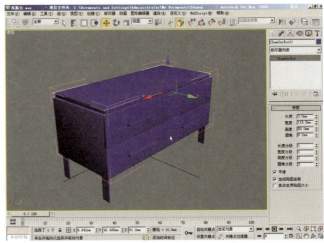

图5-133

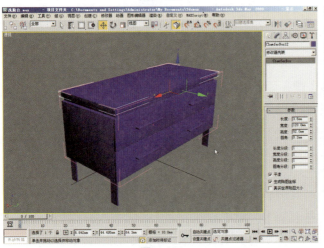

图5-134

图5-135

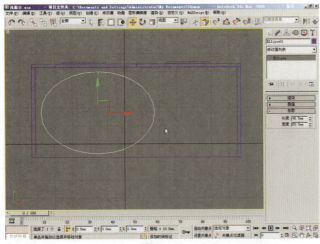

图5-136

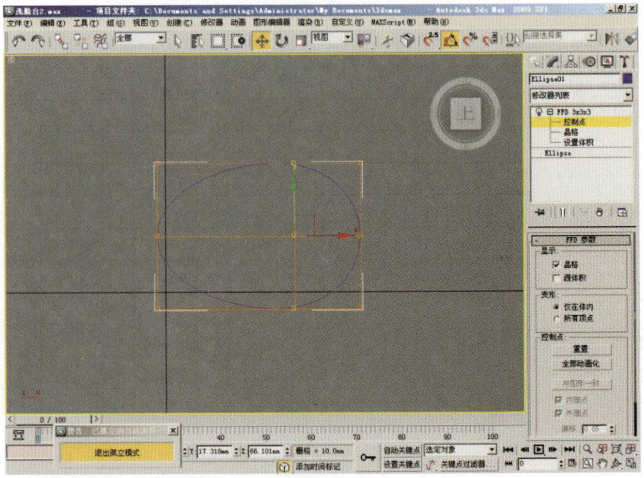

图5-137

3-Dimension Studio Max

项目五：卫浴设计表现

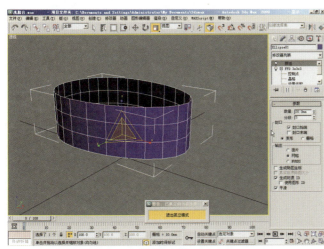

图5-138

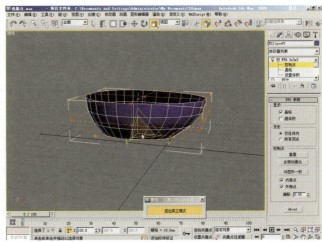

图5-139

（12）添加【编辑多边形】修改器，在【元素】子级中，选中元素，按住【Shift】键，用缩放工具的【3D缩放】缩小物体，如图5-140。

（13）开【3D捕捉】，在它上面点【右键】，到【选项】中勾【使用轴约束】（图5-141）；到【捕捉】项，勾【顶点】（图5-142）；选中【元素】子级中的内造型，激活【Z】轴，把鼠标移到顶点上，按住鼠标不放移到外面的造型上，内造型和外造型持平（图5-143）。

（14）选中【元素】，点【翻转】（图5-144）；再切换到【边界】子级中，选中两个边界，点【桥】，连出了一圈的过渡面（图5-145）。

（15）切换到【多边形】子级中，选中底面用【插入】命令，往面中心插入三次（图5-146）；再切换到【边】子级中，用【循环】命令选择两圈线（图5-147），点【切角】命令，把上面两圈边切角，设置如图5-148。最后添加【网格平滑】（图5-149）。

（16）在透视图创建一个圆柱体，到修改面板调节参数如图5-150；添加一个【编辑多边形】，选中顶点，用【变换】工具调整造型，如图5-151。

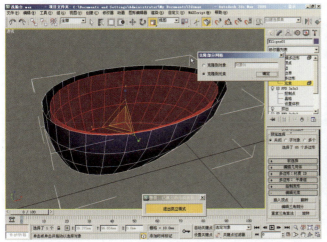

图5-140

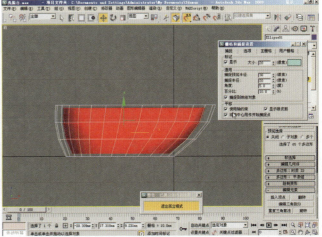

图5-141

3DS MAX项目化实训教程

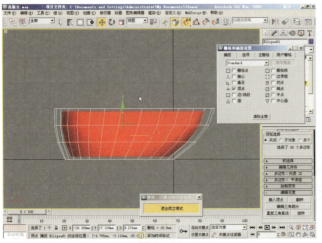

图5-142　　　　　　　　　　　　图5-143

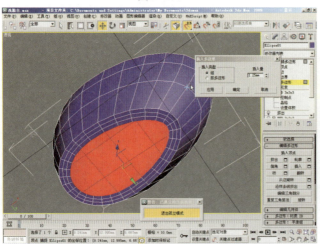

图5-144　　　　　　　　　　　　图5-145

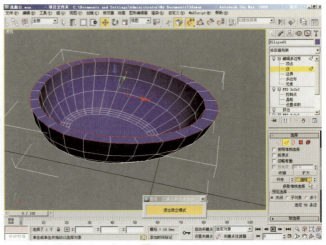

图5-146　　　　　　　　　　　　图5-147

3-Dimension Studio Max

项目五：卫浴设计表现

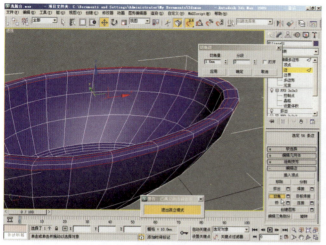

图5-148　　　　　　　　　　　　　　图5-149

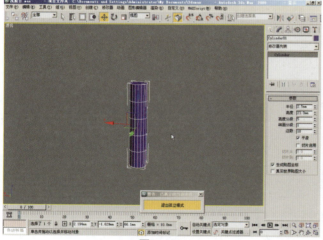

图5-150　　　　　　　　　　　　　　图5-151

（17）在前视图画一个曲线，造型如图5-152；选中圆柱物体，切换到【多边形】子级中，用【插入】工具往造型中心加一小圈面（图5-153）；再点【沿样条线挤出多边形】设置，【拾取样条线】，在曲线上点击（图5-154），调节旋转参数"-40.0"，增加分段数"50"（图5-155）；切换到【边】子级中，选择如图5-156中的一圈边，点【切角】命令，切出一圈缝边，再切换到【多边形】中，选中如图的一圈面，点【挤出】设置命令，在挤出类型里，选择【局部法线】，调节【挤出高度】参数，如图5-157。

（18）在透视图创建一个【圆柱】，在修改面板调节好参数，用【变换】工具移动、旋转好位置，如图5-158。在【修改器列表】中，添加【锥化】修改器，调节好参数如图5-159。完成后，如图5-160。

（19）在透视图中，创建一个圆柱，调节好大小和分段，用【变换】工具调节好位置（图5-161），添加一个【编辑多边形】，在【多边形】中，选中如图一圈的面，点【挤出】，挤出类型选【局部法线】，调节挤出高度，如图5-162，切换到【边】中，选中如图中的一圈边，点【连接】加入一圈边，如图5-163，用【缩放】工具放大一点。

3DS MAX项目化实训教程

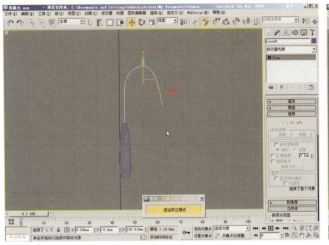

图5-152

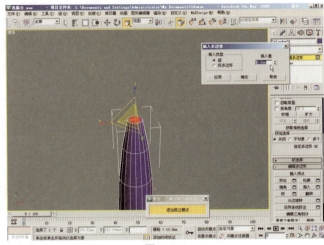

图5-153

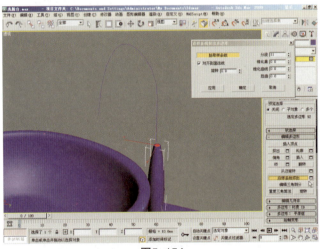

图5-154

图5-155

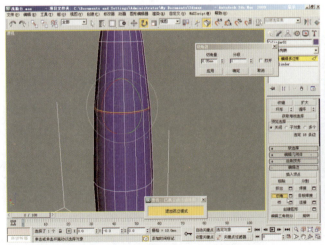

图5-156

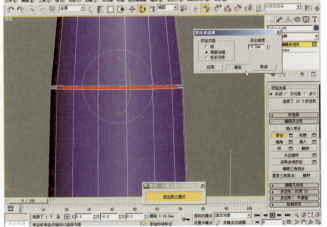

图5-157

3-Dimension Studio Max

项目五：卫浴设计表现

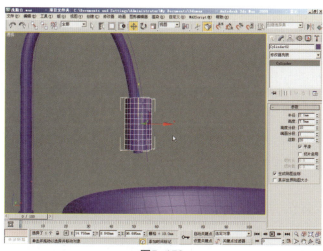

图5-158

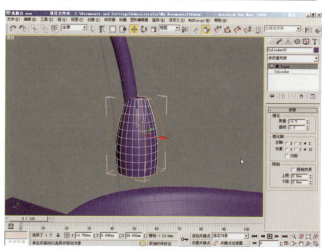

图5-159

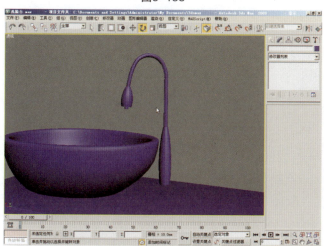

图5-160

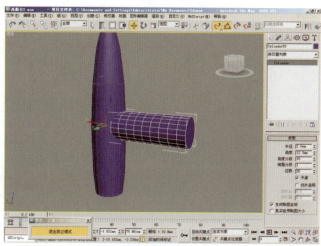

图5-161

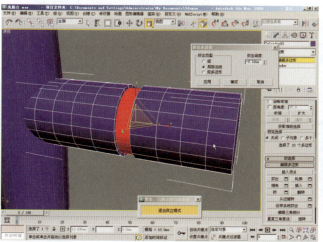

图5-162

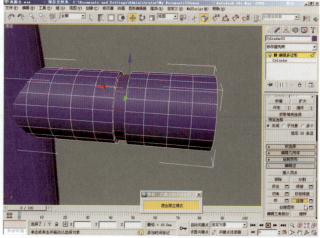

图5-163

141

（20）切换到【顶点】子级中，选中如图5-164的顶点，添加一个【FFD 3×3×3】，在控制点中，用【缩放】工具调整造型，如图5-165。再切换到【多边形】子级中，选中几圈边线，点【切角】命令，切斜角如图5-166；再添加【网格平滑】修改器。

（21）在前视图画一个曲线，在修改面板勾选【在渲染中启用】和勾选【在视口中启用】，调节大小（图5-167）；添加一个【网格选择】，再添加一个【FFD 2×2×2】修改器，用【缩放】工具调整控制点，如图5-168。

（22）在创建面板中【图形】的【扩展样条线】中，创建"T"形（图5-169）；在修改面板中，修改它的参数；开【角度捕捉】，用【旋转】工具旋转"T"形的角度为90°（图5-170）；添加一个【挤出】修改器，设置它的参数，如图5-171。

（23）在透视图中，创建一个长方体，在修改面板调节好如图5-172所示的参数，添加一个【编辑多边形】修改器，到【多边形】子级中，选中如图的面，点【插入】设置，调节好参数（图5-173）；再点【挤出】命令，调节好参数（图5-174）；得到如图5-175所示的结果。

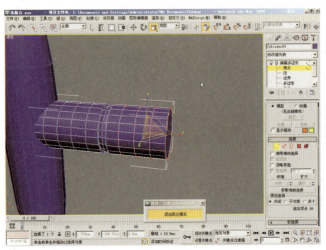

图5-164

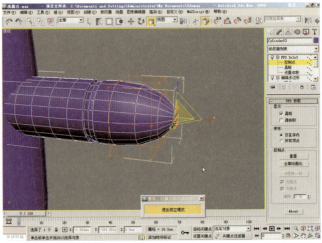

图5-165

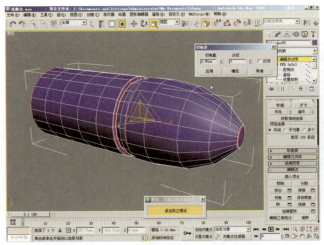

图5-166

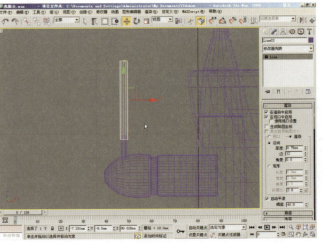

图5-167

项目五：卫浴设计表现

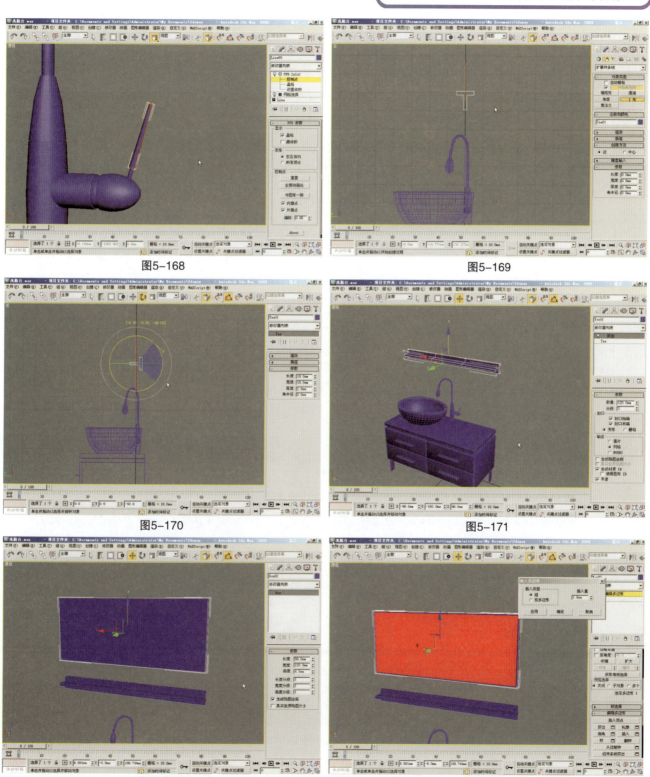

图5-168

图5-169

图5-170

图5-171

图5-172

图5-173

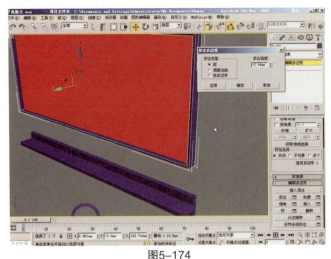

图5-174　　　　　　　　　　　　　　图5-175

（二）洗脸台的渲染

（1）搭建场景，创建摄像机视图。用【创建面板】【几何体】中的【平面】创建地板和墙体，用长方体创建窗户，如图5-176；旋转透视图到一个比较理想的构图角度，按【Ctrl】+【C】，创建摄像机，在窗口的左上角可以看到视图已经切换成"Camera01"视图，如图5-177。

（2）选择摄像机，在修改面板调整调整摄像机的镜头，用摄像机的【推】【摇】【变焦】工具调整窗口。

（3）合并一些装饰品模型。点菜单【文件】【合并】（图5-178），选择模型文件，点【打开】，弹出【合并】对话框，点左下角的【全部】，点【确定】（图5-179）；如在【合并】过程中，有重复名称，勾【应用于所有重复情况】点【自动重命名】按钮（图5-180）。

（4）合并操作完成后，直接按【Alt】+【Q】进入【孤立模式】（图5-181），把其他物体隐藏；点菜单【组】【成组】，点【退出孤立模式】；点【对齐】工具，到地板上点击，选择【Z位置】，选两个【最小】，点【确定】（图5-182），用【变换】工具调整好位置和大小。

（5）依次合并模型，得到图5-183。点【渲染设置】，或者按【F10】，弹出【渲染设置】。

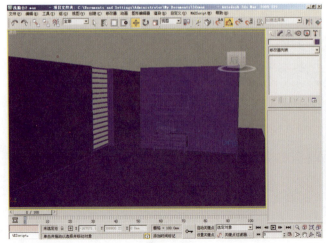

图5-176

图5-177

项目五：卫浴设计表现

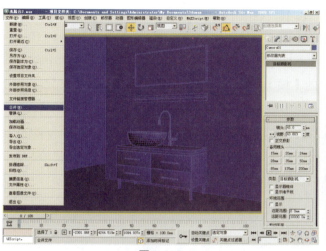

图5-178

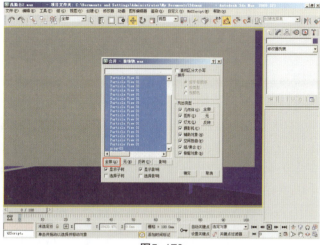

图5-179

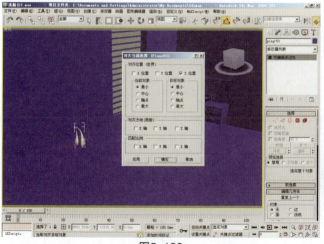

图5-180

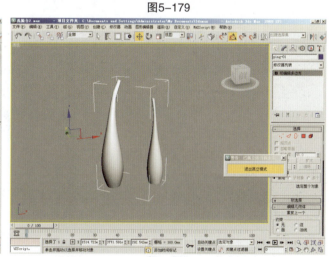

图5-181

图5-182

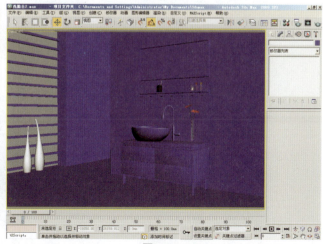

图5-183

（6）在【公用】面板【指定渲染器】项，点【产品级】，选择【VRay】渲染器，点确定；点【保存为默认设置】，下次就不需要再次指定渲染器了（图5-184）。

（7）在【公用参数】项，设置要测试渲染窗口的【宽度】【长度】，点【图像纵横比】后的【锁】，锁定长宽的比例；在面板的下方【查看】"camera01"的【锁】图标上点击，锁定摄像机，渲染时只能渲染摄像机窗口（图5-185）。测试参数调节如图5-186～图5-191所示。

（8）给地板上材质。点【材质编辑器】，或者点【M】，拖动一个材质球到物体上，点【Standard】（图5-192），改成【VRayMtl】，如图5-193。点【Diffuse】后上放图片，双击【平铺】（图5-194），在【平铺设置】的【纹理】中放一张石材图片，设置其他选项如（图5-195）。选中地板模型，添加一个【UVW贴图】修改器，设置【长度】和【宽度】分别为"600"，如图5-196。

（9）再到材质编辑器中，点【转到父级】，在【Reflection】中放一个【衰减】贴图，设置【衰减类型】为【Fresnel】，点【转到父对象】，设置反射参数如图5-197。

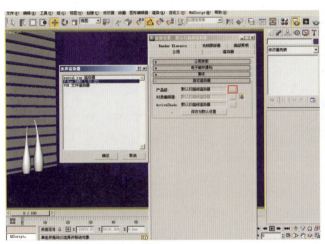

图5-184　　　　　　　　　　　　　　图5-185

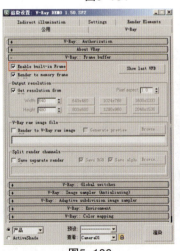  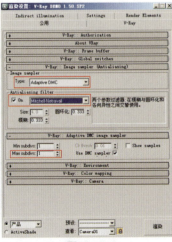

图5-186　　　　　　　图5-187　　　　　　　图5-188

项目五：卫浴设计表现

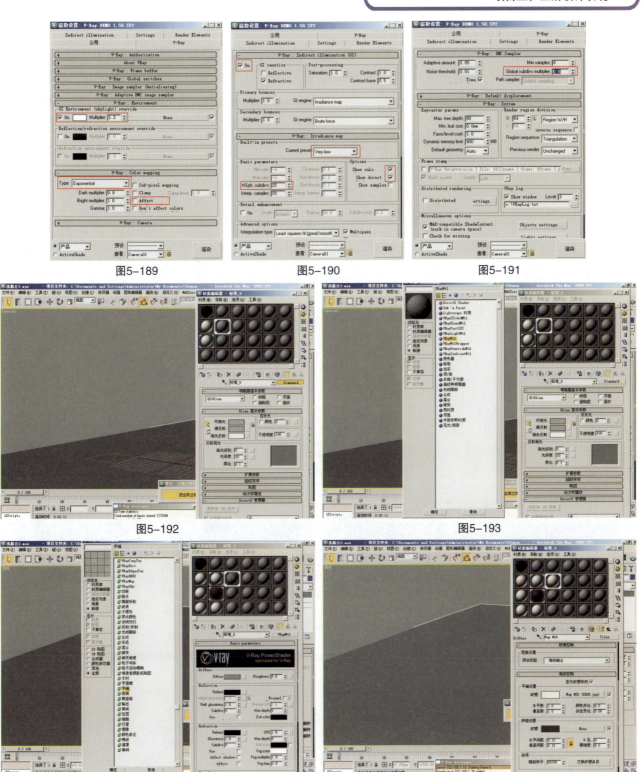

图5-189　　　　　　　　图5-190　　　　　　　　图5-191

图5-192　　　　　　　　图5-193

图5-194　　　　　　　　图5-195

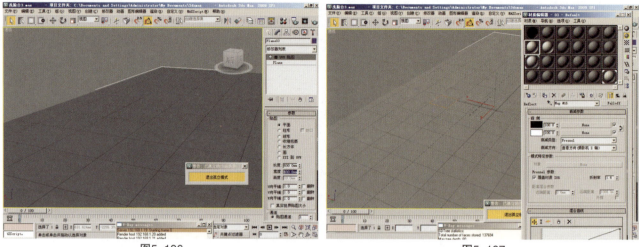

图5-196　　　　　　　　　　　　　　图5-197

（10）调节陶瓷材质，选择【陶瓷盆】，把材质球改成【VRayMtl】（图5-198），指定材质给物体（图5-199）；在漫反射【Diffuse】中调出一个白色，在反射【Reflection】中设置光泽度，在半透明【Translucency】中，选择【hard&max&model】如图5-200。

（11）选择要指定金属材质的物体，给它们指定一个【VRayMtl】材质球，调节材质的【漫反射】和【反射】，设置参数如图5-201。

（12）选择【柜子组】物体，指定一个【VRayMtl】材质球；在【Diffuse】处放位图，选择木纹图片，设置图片【模糊】为"0.01"（图5-202）；选择【柜子】模型，添加一个【UVW贴图】，在【贴图】参数中，选择【长方体】，调节【长度】【宽度】【高度】的数值，并将柜子几个部分一一添加【UVW贴图】，调整好参数，如图5-203～图5-205。

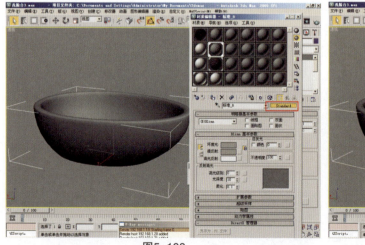

图5-198

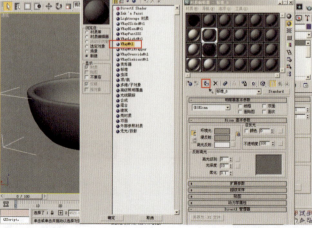

图5-199

项目五：卫浴设计表现

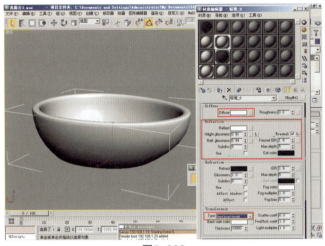

图5-200

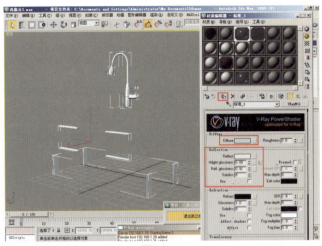

图5-201

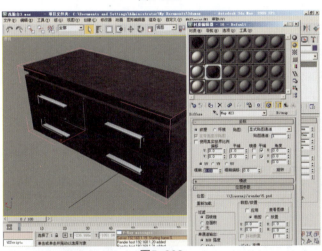

图5-202

图5-203

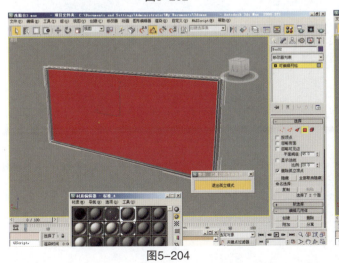

图5-204

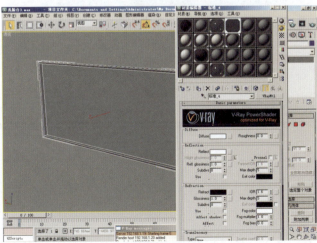

图5-205

（13）选中镜子模型，在窗口中点【右键】，转换为【可编辑的网格】，在【多边形】子级中，选中间的面，拖一个材质球到红色区域，把反射【Reflection】中的颜色设置为纯白，如图5-206；按【Ctrl】+【I】反选，其他的面被选择，拖柜子的木纹材质球到红色区域，添加一个【UVW贴图】修改器，设置参数（图5-207）。给其他物体一一指定材质。

（14）点【环境和效果】菜单中的【环境】，或按【8】键，将窗户外面的背景颜色调成白色，如图5-208。

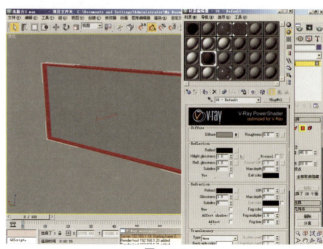

图5-206

（15）在【创建面板】的灯光类型处，选择【VRayLight】；在窗户的外面，创建VRaylight，在修改面板中，调节好该灯光的参数，如图2-209。

（16）依次创建四个灯光，调节好他们的参数和位置，如图5-210～图5-213），点【渲染】进行测试；测试阶段是调整灯光强度和物体材质等，测试结果如图5-214所示。

（17）最终渲染，在【公用】项把要渲染图片的【长度和宽度】数值调大，其他数值在原有的测试数值上调节，如图5-215～图5-217。得到最终结果如图5-218～图5-219。

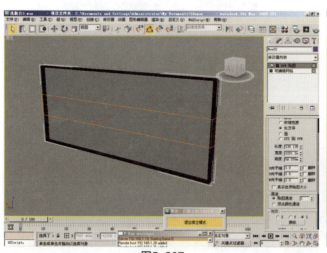

图5-207

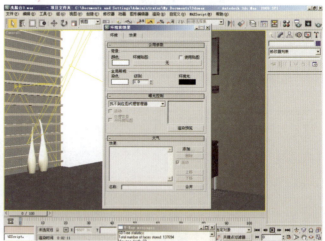

图5-208

项目五：卫浴设计表现

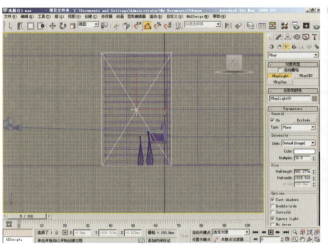

图5-209

图5-210

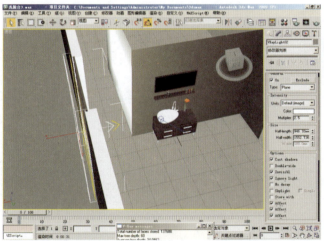

图5-211

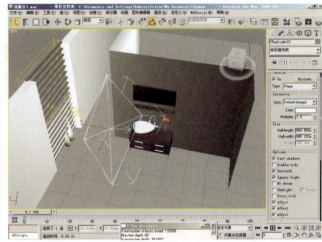

图5-212

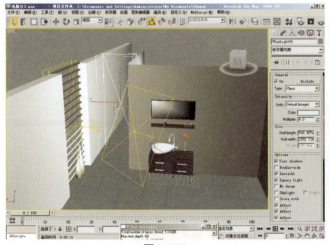

图5-213

图5-214

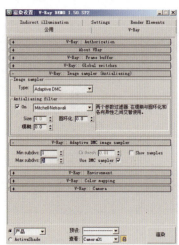
图5-215

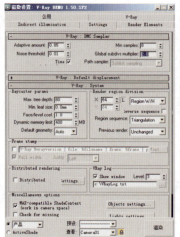
图5-216

图5-217

图5-218

图5-219

四、考核标准

（一）考核形式

课堂上机操作。

（二）主要标准

（1）是否能灵活运用多边形建模方式创建卫浴产品。

（2）是否会指定材质，是否能运用VRay灯光和渲染参数。

（三）课后作业

设计一些卫浴产品，通过3DS MAX的建模，渲染成效果图。

项目六：室内装饰设计表现

一、基本知识

（一）CAD图纸

在室内装饰设计初期阶段，设计人员通常会实地查看房型并测量尺寸，把数据记录下来。通过数据可以在AutoCAD软件中画出房型的平面图，并进行布置与设计，保存为".dwg"格式的电子图纸。一套完整图纸包含的内容很多，有：平面布置图、天花布置图、墙体的立面图、局部剖面图等，如一套家装图纸，又包括了客厅、卧室、餐厅等各个位置的图纸，非常详细。在制作效果图时，可以提取CAD图纸中需要的某些部分，保存为单独的图纸，导入到3DS MAX中，可以保证效果图的准确。

（二）场景

室内装饰设计由于施工和成本等原因，涉及的建模部分不多，也不复杂，主要是房型和硬装的建模，其他物体一般情况可以调入现成模型，很多网站提供免费下载的模型，如家具、家电、装饰品等，从而大大提高了作图效率。同时场景中的模型、物体的颜色与材质的搭配也特别重要。

（三）场景灯光

在设计使用什么样的灯光照明时，应该考虑室内空间的采光情况及业主需求。灯光提供了场景的照明，也营造了场景的氛围。在制作效果图时，一般情况下结合VRay灯光和光度学灯光一起使用。VRay灯光通常用来模拟自然光和太阳光，而光度学灯光用来模拟人造灯，如射灯，但也不能一概而论。灯光的布置一般以场景的真实照明情况为主，又带有美感氛围为出发点。特别对于初学者，应切记创建灯光时，应该测试完成一个灯光后，再接着创建下一个，避免出现不必要的问题。

（四）场景贴图

贴图的目的是让场景更加真实，又具有美感。贴图的关键在于图片的质量和模型的UV分布。图片的品质直接影响贴图的最终效果图，选择或绘制图片时，应注意图片的大小和清晰度。场景贴图的UV分布一般使用【UVW贴图】修改器比较多，【UVW贴图】修改器可以选择不同的图片分布方式，也可以调整图片大小和位置，UV分布的方式有【平面】【柱形】【球形】【收缩包裹】【长方体】【面】【XYZ到UVW】。对于需要在一个模型上放置两张或以上的贴图，而且贴图的方式都不一致，模型需要添加多个【UVW贴图】

修改器（图6-1、图6-2）。有些比较复杂的模型贴图要使用【UVW展开】修改器。

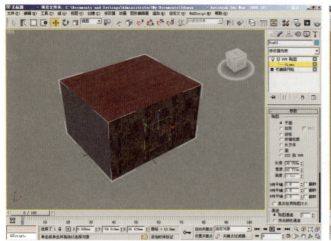
图6-1

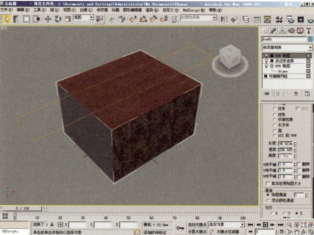
图6-2

（五）对象属性

场景中每一个物体都具有对象属性，可以选中物体，在视图上点【右键】，点【对象属性】。在效果图制作过程中，模型物体常使用对象属性，如图6-3。

在【对象属性】的【常规】面板中，显示了对象的信息；经常使用到的是显示属性中的命令，如【透明】命令，也可选中模型，快捷键【Alt】+【X】，可以让模型变成透明体；如【显示为外框】，可把复杂的模型显示为一个框架，加快显示速度；如【背面消隐】，可把物体的反面隐藏，大多数使用在没有厚度的物体；如【以灰色显示冻结对象】，可把冻结的物体颜色显示为灰色。

图6-3

在【渲染控制】项中，各命令的作用如下：

【可见性】：控制对象在渲染时的可见性。当值为"1.0"时，对象完全可见。当值为"0.0"时，对象在渲染时完全不可见。默认设置为"1.0"。

【可渲染】：使某个对象或选定对象在渲染输出中可见或不可见。不可渲染对象不会投射阴影，也不会影响渲染场景中的可见组件。

【继承可见性】：使对象继承其父对象一定百分比的可见性。

【对摄影机可见】：如果启用，对象在场景中对摄影机可见。禁用该选项后，摄影机看不到该对象；但是，其阴影和反射会被渲染。默认设置为启用。

【对反射/折射可见】：如果启用，它会出现在渲染的反射和折射效果中。

【接收阴影】：如果启用，对象会有阴影。

【投射阴影】：如果启用，对象可以投射阴影。

（六）光域网灯光

光域网是光源的灯光强度分布的三维表现形式，以".IES"为文件格式，".IES"文件可以到网上免费下载。光域网灯光具有各不相同的灯光形状。

创建光域网灯光，要注意与物体的角度。

（1）点创建面板的【光度学】灯光面板，在场景中创建目标灯光，如图6-4。

（2）选中灯光，切换到修改面板中的【灯光分布类型】中，选择【光度学Web】（图6-5）。

（3）在【光度学Web】项中，选择一个".IES"文件，（图6-6）。

（4）在【强度/颜色/衰减】项中，调节过滤色来改变灯光颜色，调节【cd】参数来调节灯光强度，如图6-7。

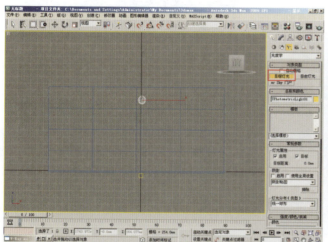

图6-4

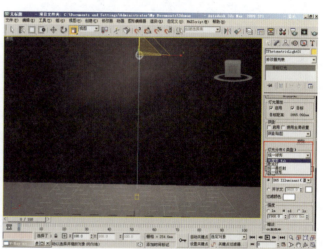

图6-5

图6-6

图6-7

二、基本技能

(一) 家装

(1) 在AutoCAD软件中,对平面布置图进行修改,提取需要做效果图的区域,如图6-8,修改完成后点【文件】然后保存。

(2) 打开3DS MAX软件,点【自定义】菜单中的【单位设置】(图6-10);选择【公制】的【毫米】,点【系统单位设置】,选择【毫米】,点【确定】(图6-11)。

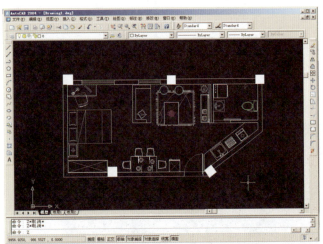

图6-8　　　　　　　　　　　　　　图6-9

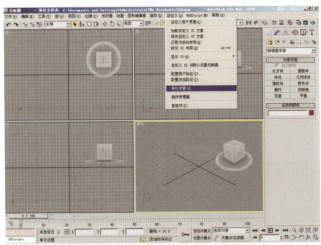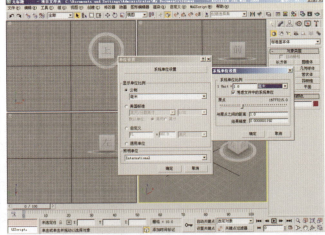

图6-10　　　　　　　　　　　　　图6-11

(3) 点【文件】菜单中的【导入】(图6-12);在【文件类型】处选择"AutoCAD图形",选择刚保存的文件,点【打开】(图6-13);弹出【导入选项】,选择【毫米】,勾选【重缩放】,点【确定】(图6-14),得到如图6-15结果。

(4) 选中CAD图形线,在视图上点【右键】,点【对象属性】(图6-16)。在【对象属性】中,去掉【以灰色显示冻结对象】前的勾,点【确定】(图6-17)。

项目六：室内装饰设计表现

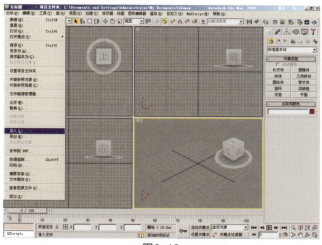

图6-12

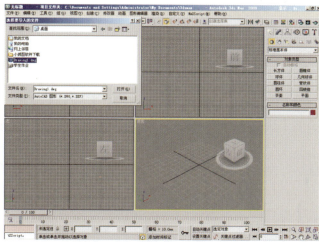

图6-13

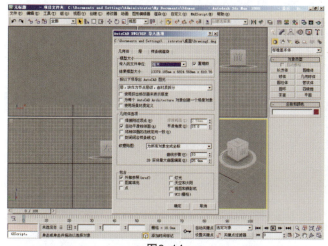

图6-14

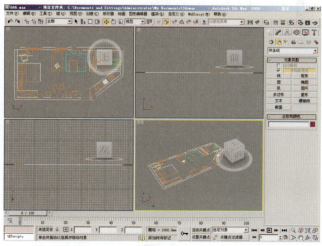

图6-15

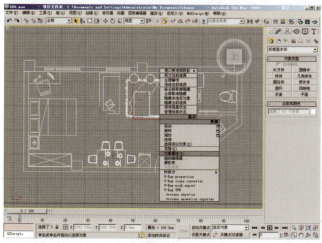

图6-16

图6-17

（5）选中CAD图形线，在视图上点【右键】，点【冻结当前选择】（图6-18）；冻结的目的是让图形线不被选择和编辑。开【2D捕捉】；在捕捉工具上面点【右键】，在【捕捉】项勾【顶点】，在【选项】中勾【捕捉到冻结对象】（图6-19）；用【线】命令画墙的内侧线，在窗和门的地方停顿，如图6-20。

（6）画完内墙线后，添加一个【挤出】修改器（图6-21），调节数量为"3000.0"，如图6-22；添加【法线】修改器，使正反面翻转（图6-23）。

（7）选中墙体面，点【显示面板】的【显示属性】项，勾【背面消隐】（图6-24），黑色的背面被隐藏，可直接看到房间内；在视图上点【右键】，【转换为可编辑的多边形】（图6-25）。

（8）制作窗户：选中墙体，切换至【边】子级中，选中图6-26的边线，点【连接】命令，设置【分段】为"2"，在高度上增加了两根线，等分成三部分，窗户离地面"1 000"（图6-27）。

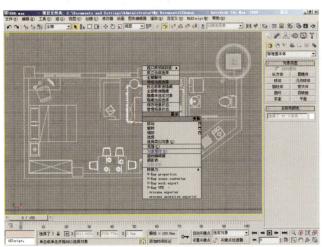

图6-18

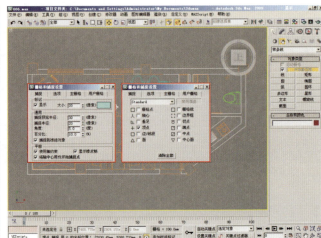

图6-19

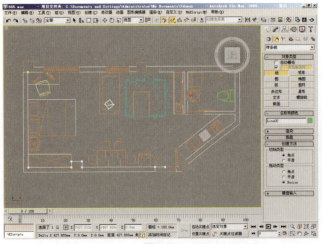

图6-20

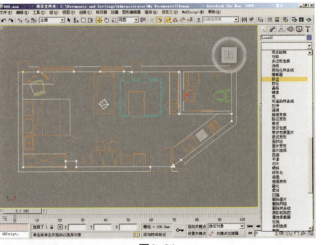

图6-21

项目六：室内装饰设计表现

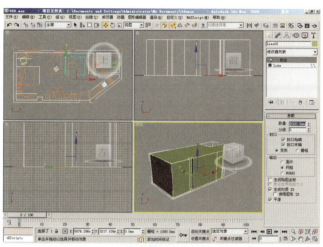

图6-22　　　　　　　　　　　　　　　图6-23

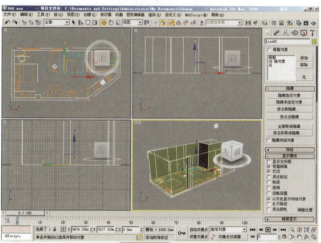　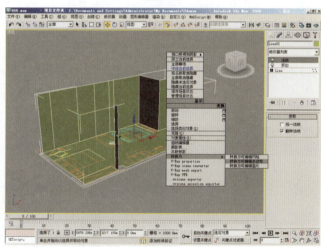

图6-24　　　　　　　　　　　　　　　图6-25

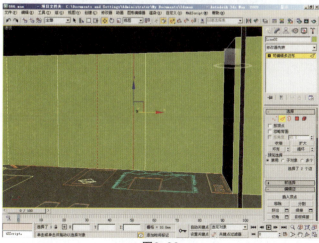

图6-26　　　　　　　　　　　　　　　图6-27

（9）选中如图6-28的上边线，在【绝对偏移模式】的【Z】轴中输入"2500.0"；切换至【多边形】子级中，选中如图6-29中的面，点【挤出】命令，设置【挤出高度】为"-200.0"；点【Delete】键，删除这个面，得到如图6-30所示效果。

（10）用同样的方法作出另一个窗户，结果如图6-31。

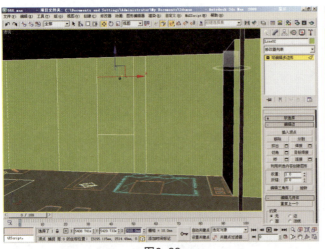

图6-28　　　　　　　　　　　　　　图6-29

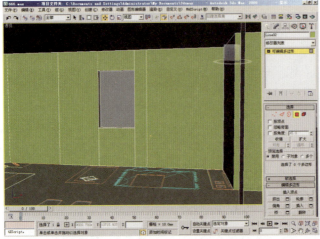 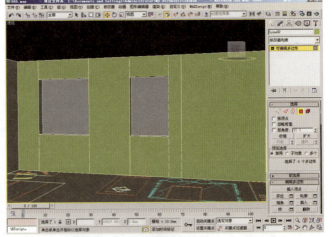

图6-30　　　　　　　　　　　　　　图6-31

（11）制作门口：选中如图6-32中的两条线，点【连接】，用【绝对偏移模式】中输入"2000.0"，不要删除门的面（图6-33）。

（12）制作电视桌：按照图纸，开【2D捕捉】，用【矩形】画电视桌（图6-34）；添加【挤出】修改器，调节【数量】为"40.0"，在【绝对偏移模式】的【Z】轴输入"400.0"，如图6-35。

（13）制作橱柜：开【2D捕捉】；使用【线】命令按图纸造型画出线条（图6-36）；完成后，切换至【顶点】子级中，选中如图6-37的点，在视图上点【右键】，把点的属性【角点】改【Bezier角点】，调整控制手柄，得到比较圆滑的造型（图6-38）。添加【挤出】修改器，设置【数量】为"800.0"图6-39。

项目六：室内装饰设计表现

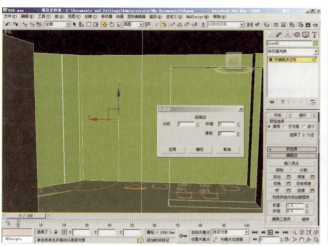

图6-32

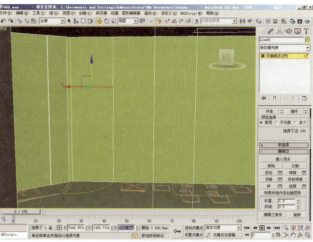

图6-33

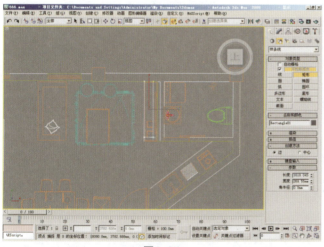

图6-34

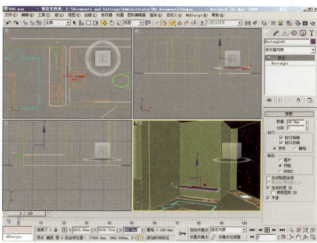

图6-35

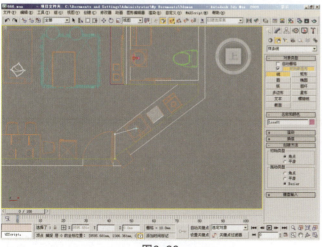

图6-36

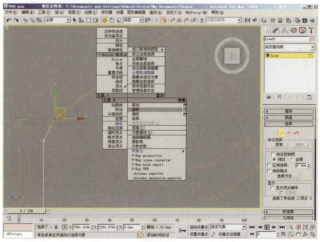

图6-37

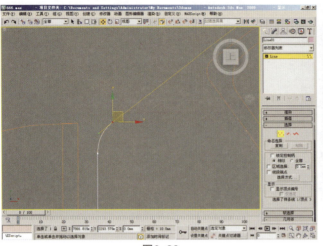
图6-38

图6-39

（14）选中橱柜，按【Ctrl】+【Q】，转换成【孤立模式】，把其他物体隐藏（图6-40）；在视图上点【右键】，【转换为可编辑多边形】（图6-41）。

（15）框选橱柜竖线（图6-42），点【连接】命令，设置【分段】为"2"（图6-43）。

（16）在【边】子级中，选中如图6-44的线，点【循环】命令，得到如图6-45所示的结果；在【绝对偏移模式】输入"80.0"（图6-46）；用同样的方法选择上面一圈线，在【绝对偏移模式】输入"760.0"（图6-47）。

（17）切换至【多边形】子级中，选中如图6-48的一圈多边形面，点【挤出】，选择【局部法线】，设【挤出高度】为"20.0"（图6-49）。用同样的方法做出橱柜的下面造型（图6-50）。

（18）制作橱柜门：在前视图用【立方体】创建一个橱柜门，设置好参数如图6-51。用【旋转】工具调整造型的方向，如图6-52；点【移动】工具，改坐标系为【局部】，按住【Shift】键，沿着X轴拖动橱柜门，复制四个（图6-53）。

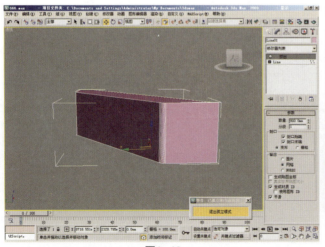
图6-40

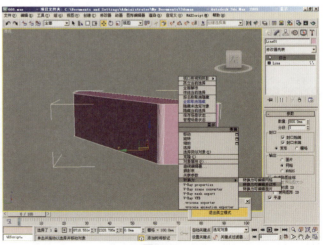
图6-41

项目六：室内装饰设计表现

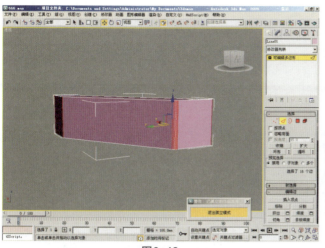

图6-42

图6-43

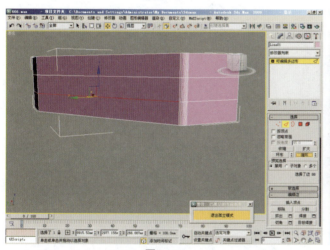

图6-44

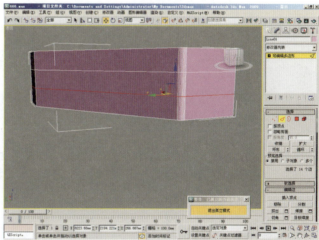

图6-45

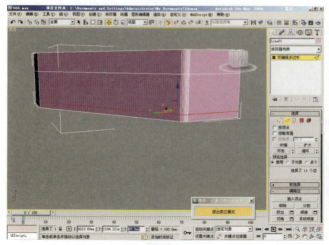

图6-46

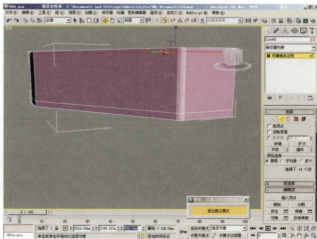

图6-47

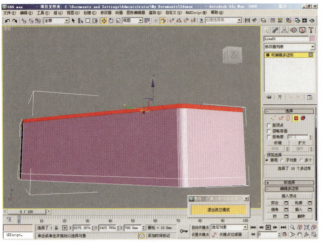
图6-48

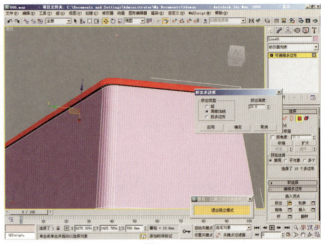
图6-49

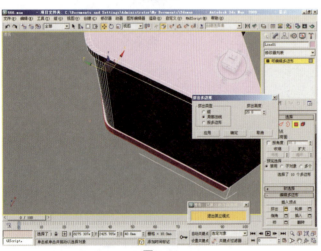
图6-50

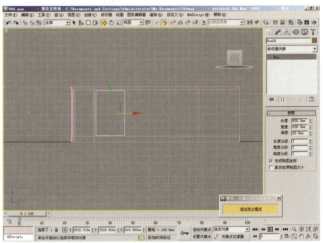
图6-51

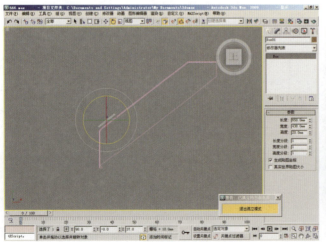
图6-52

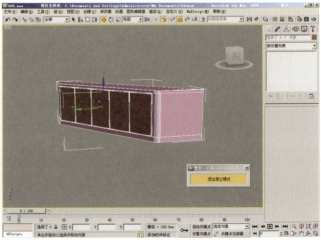
图6-53

（19）选中所有物体，点菜单【组】，选【成组】命令（图6-54），在【组名】中输入"橱柜"，点【确定】（图6-55）。

（20）制作餐桌：【退出孤立模式】。开【2D捕捉】，用【矩形】命令画线（图6-56），添加【挤出】修改器，设置【数量】为"30.0"（图6-57）。

（21）用【立方体】做一个桌腿，参数如图6-58；用【移动】工具配合着【Shift】键复制另外三个桌腿，如图6-59，结果如图6-60。

（22）选中四条桌腿，点【组】菜单，选【成组】命令（图6-61），命名"桌腿"（图6-62）。

（23）制作窗框：开【2.5D捕捉】，用【矩形】按图纸画线（图6-63）。

（24）选中矩形，在视图上点【右键】，【转换为可编辑样条线】（图6-64）；选中样条线（图6-65），在【轮廓】命令后输入"-50"（图6-66）。

（25）【轮廓】完成后，添加一个【挤出】修改器，调节参数【数量】为"10.0"（图6-67）。

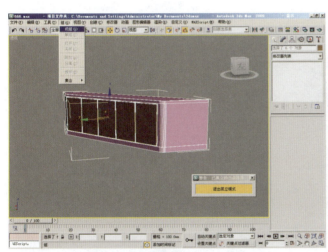

图6-54

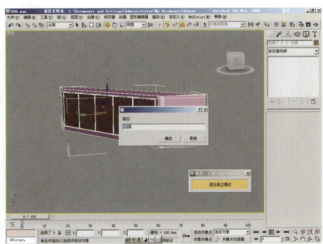

图6-55

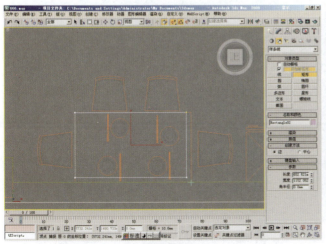

图6-56

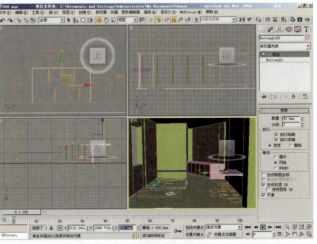

图6-57

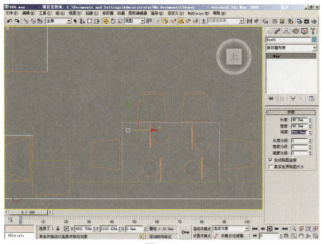
图6-58

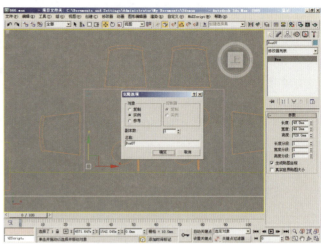
图6-59

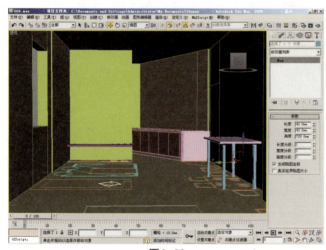
图6-60

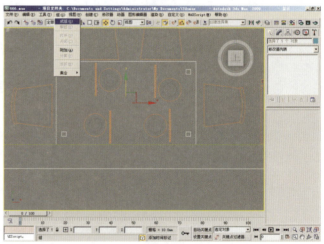
图6-61

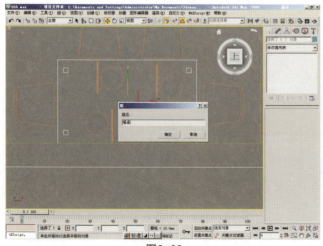
图6-62

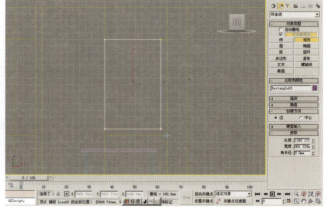
图6-63

项目六：室内装饰设计表现

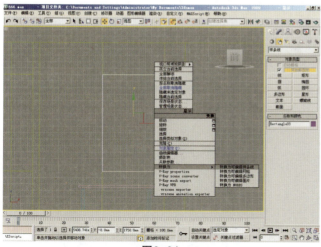

图6-64

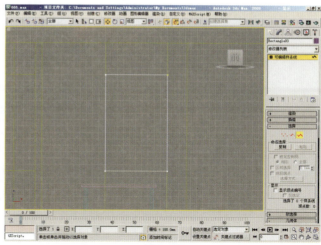

图6-65

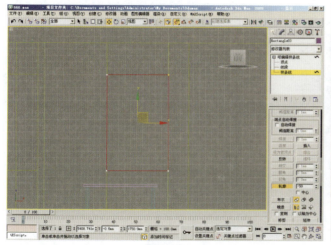

图6-66

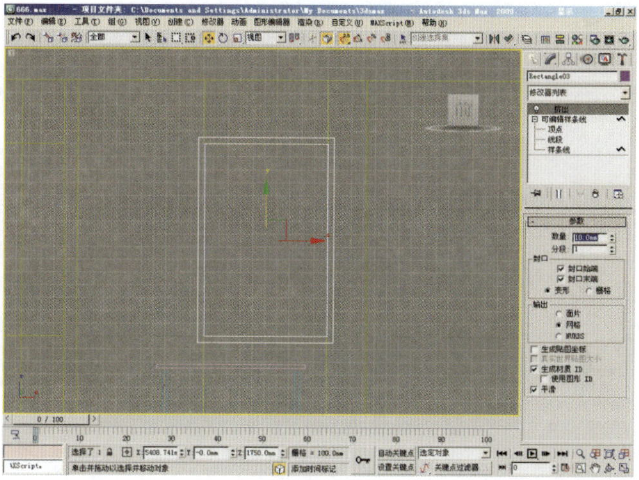

图6-67

（26）开【3D捕捉】，在【栅格和捕捉设置】中选择捕捉点【顶点】（图6-68），在【选项】中，勾【使用轴约束】，激活X轴定位到窗户上，如图6-69。

（27）调入现成模型：在菜单【文件】中点【合并】（图6-70），选择"冰箱"模型，点【打开】（图6-71）；弹出【合并】对话框，把【灯光】【摄像机】前的钩去掉，点【全部】，点【确定】（图6-72）。如出现【重复名称】对话栏，勾【应用于所有重复情况】，点【自动重命名】（图6-73）。

（28）【合并】进来后，直接点【组】菜单中的【成组】（图6-74），命名"冰箱"，点【确定】（图6-75）。

（29）在透视图中旋转视图，调整好一个观察角度，按【Ctrl】+【C】，创建了一个摄像机，透视图也切换成了摄像机视图（图6-76）。

（30）用【移动】工具调整好冰箱位置，用【缩放】工具调整它的大小（图6-77）。

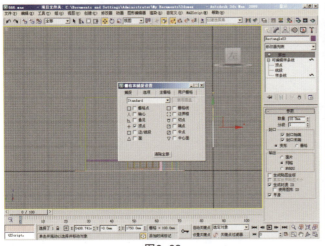

图6-68

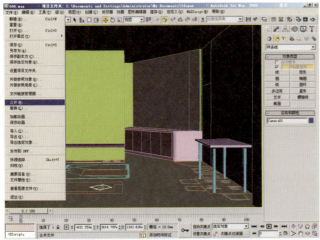

图6-70

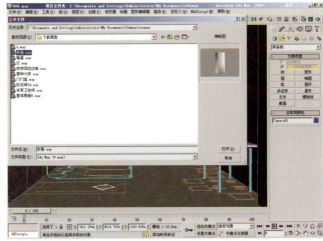

图6-71

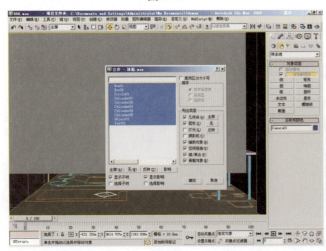

图6-72

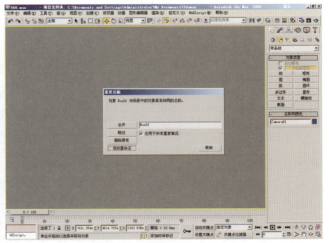

图6-73

项目六：室内装饰设计表现

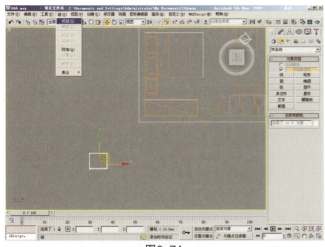

图6-74　　　　　　　　　　　　　图6-75

图6-76　　　　　　　　　　　　　图6-77

（31）依次【合并】餐桌椅、桌面物体、沙发、电视、厨房用具等，把整个场景丰富起来，一般情况下，场景应尽量看上去丰富（图6-78～图6-80）。

（32）选中摄像机（图6-81），在修改面板中调节参数，把【镜头】值设为"24.0"（图6-82），勾选【剪切平面】，设置【近距剪切】和【远距剪切】数值，如图6-83；剪切平面可以让挡住摄像机前的物体切除。

（33）设置房子的ID：选中房子，按【Alt】+【Q】，进入【孤立模式】。

（34）在【可编辑多边形】子级中，选中门的面，在【多边形：材质ID】项，在【设置ID】命令后输入"1"；选中地面，把【选择ID】设置为"2"；把电视背景的面设置为"3"，如图6-84～图6-86。选中刚设置的三个面，点【编辑】【反选】（图6-87），把这些面设置【ID】为"4"（图6-88）。

（35）退出【多边形】子级。点【M】键，弹出【材质编辑器】，点【Standard】（图6-89），把材质球更改为【多维/子对象】（图6-90），弹出【替换材质】对话框，选择【将旧材质保存为子材质】（图6-91）；设置【材质数量】为四个，点【确定】（图6-92）。

（36）点材质【ID1】后面【Standard】，进去后，更改材质名为"门"；点【Standard】（图6-93），在【VRayMtl】材质球上双击（图6-94），弹出【VRayMtl】面板（图6-95）。

（37）点【Diffuse】后的小方格，在【位图】上双击，选择"门"的位图（图6-96），不要勾【序列】，点【打开】（图6-97），显示纹理图标 。

（38）点【Reflection】中的颜色，调节【白度】为深灰色（图6-98），点【确定】；调节颜色的深浅变化，控制反射的强度（图6-99），白色为反射最强，黑色不反射；在【Hight glossiness】参数调到"0.6"，在【Refl glossiness】参数调到"0.85"，【Subdivs】调节为"16"。

（39）把材质球拖给房子模型（图6-100）；给房子添加【多边形选择】修改器，在【多边形】子级中，选中门的面（图6-101），添加【UVW贴图】修改器，选择【面】，如图6-102。

（40）给房子再添加一个【多边形选择】修改器，在【多边形】子级中，选中地板的面，添加【UVW贴图】修改器，在参数中选择【平面】，在【长度】【宽度】参数中各输入"800.0"，如图6-103。

（41）到【材质编辑器】中，点【转到父对象】（图6-104）；点地砖材质（图6-105），在【Diffuse】后添加平铺贴图（图6-106），在【平铺设置】中设置参数，如图6-107，在高级控制的【平铺设置】中，点【None】，选择【位图】（图6-108），设置参数，如图6-109。

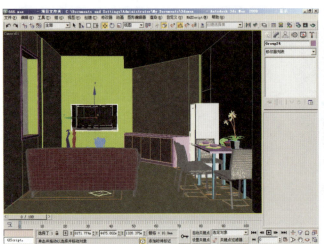

图6-78

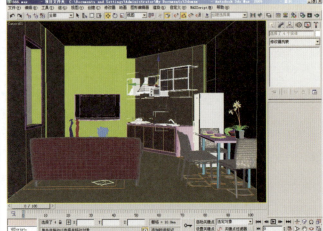

图6-79

图6-80

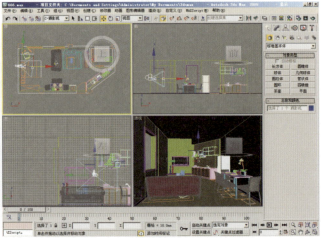

图6-81

项目六：室内装饰设计表现

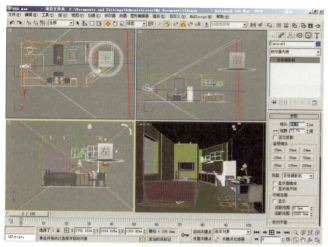

图6-82　　　　　　　　　　　　　　图6-83

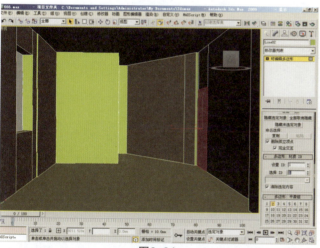

图6-84　　　　　　　　　　　　　　图6-85

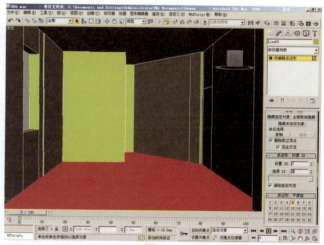

图6-86　　　　　　　　　　　　　　图6-87

3DS MAX项目化实训教程

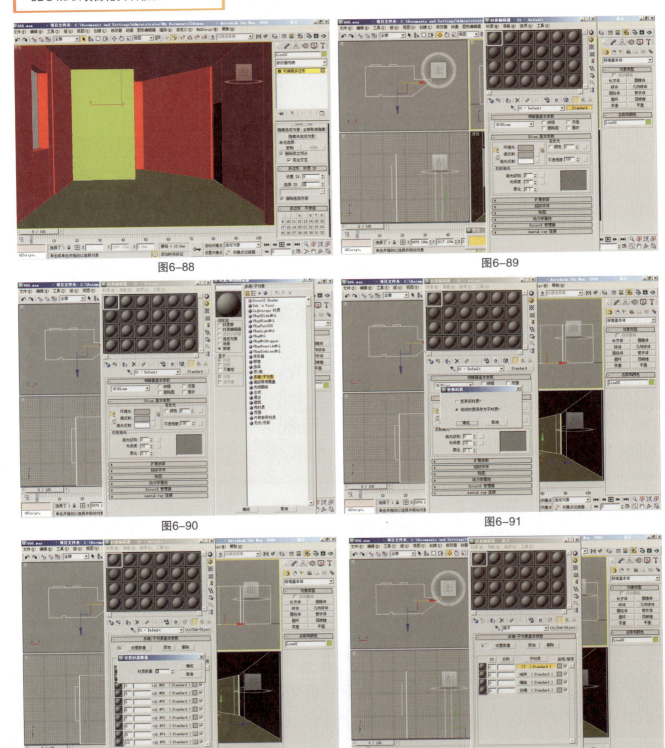

图6-88

图6-89

图6-90

图6-91

图6-92

图6-93

172　3-Dimension Studio Max

项目六：室内装饰设计表现

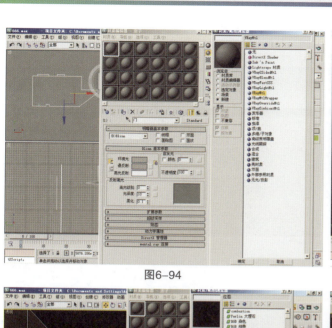

图6-94

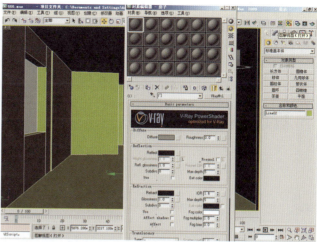

图6-95

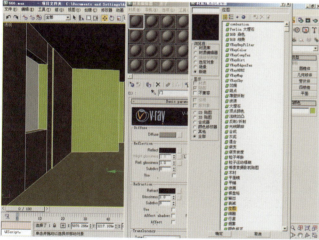

图6-96

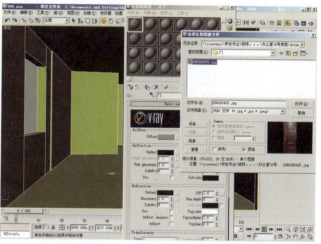

图6-97

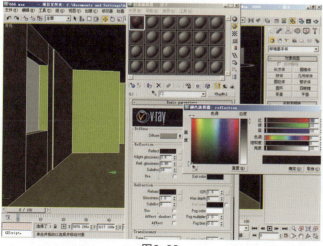

图6-98

图6-99

3DS MAX项目化实训教程

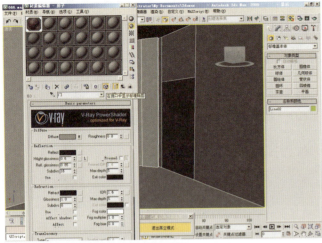

图6-100

图6-101

图6-102

图6-103

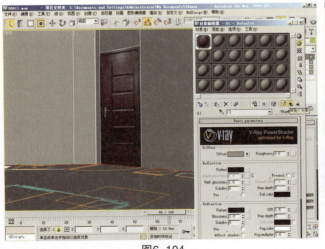

图6-104

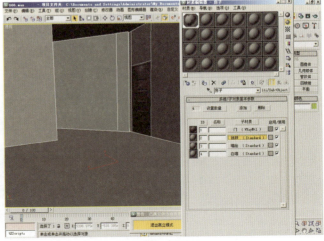

图6-105

项目六：室内装饰设计表现

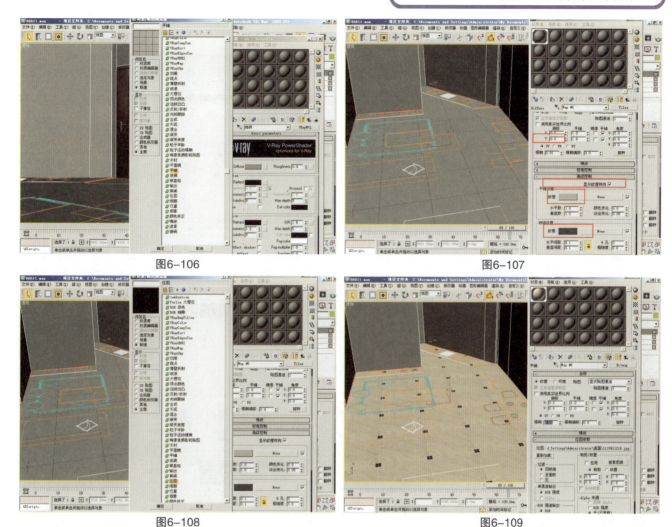

图6-106　　　　　　　　　　　　　　　　图6-107

图6-108　　　　　　　　　　　　　　　　图6-109

（42）点【转到父对象】，在【Reflect】中添加【衰减】贴图，调节衰减类型为【Fresnel】，如图6-110；点【转到父对象】，在【Reflect】中，调节参数如图6-111。

（43）点【转到父对象】，调节电视背景墙材质（图6-112）；在【Diffuse】中添加图片（图6-113）。

（44）在【位图参数】项，勾【剪切/放置】中的【应用】，点【查看图像】（图6-114），调整矩形框的大小，在颜色通道中可以更好的调节矩形框（图6-115）。

（45）点【转到父对象】，调节【Reflection】中的参数，设置反射（图6-116）；给房子添加【多边形选择】修改器（图6-117），选中电视背景墙的面，添加【UVW贴图】修改器，更改参数如图6-118。

（46）点【转到父对象】，进入白墙材质中（图6-119）；使用3DS MAX默认材质，把【漫反射】调节为灰白色，在【自发光】的【颜色】中，数值调节为"8"（图6-120）。

（47）给窗套添加一个材质球，把颜色改为白色，在【Relfect】反射中添加【衰减】贴图，如图6-121，设置其他参数，如图6-122。

（48）在【材质编辑器】中调节好餐桌腿的材质磨砂不锈钢（图6-123）；选中餐桌，按【Alt】+【Q】，进入【孤立模式】，选【组】菜单中的【打开】（图6-124）；把磨砂不锈钢材质指定给桌腿（图6-125）。

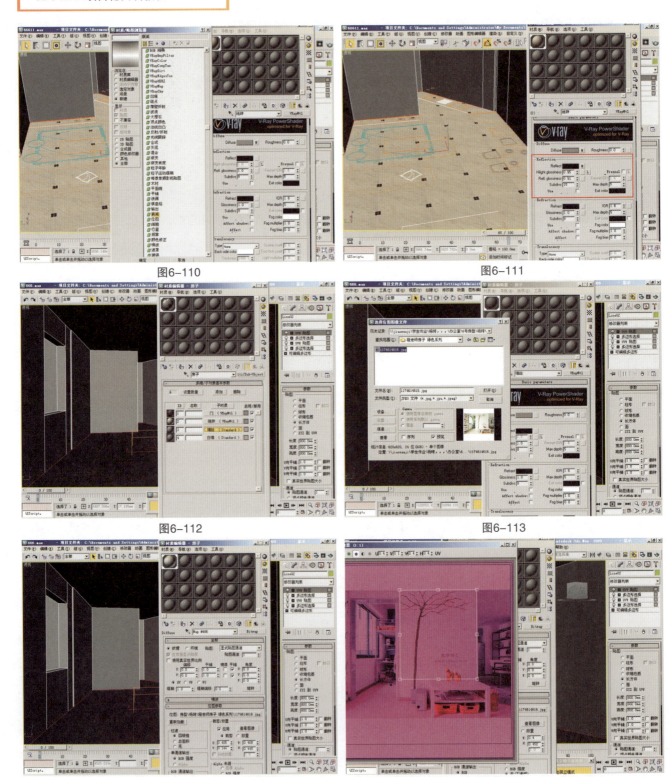

图6-110　　图6-111

图6-112　　图6-113

图6-114　　图6-115

项目六：室内装饰设计表现

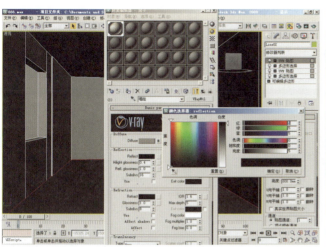

图6-116

图6-117

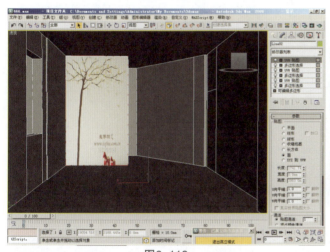

图6-118

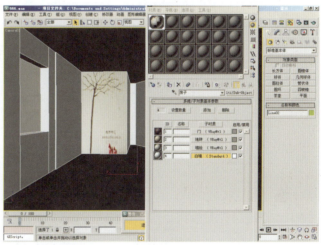

图6-119

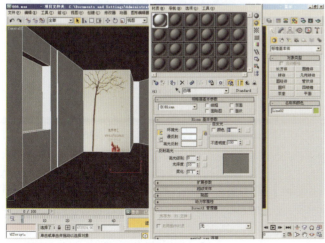

图6-120

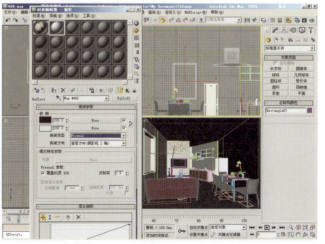

图6-121

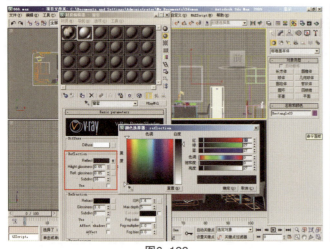

图6-122

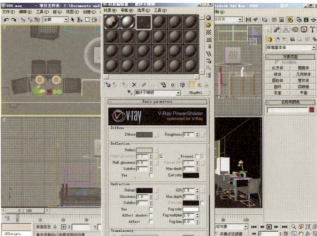

图6-123

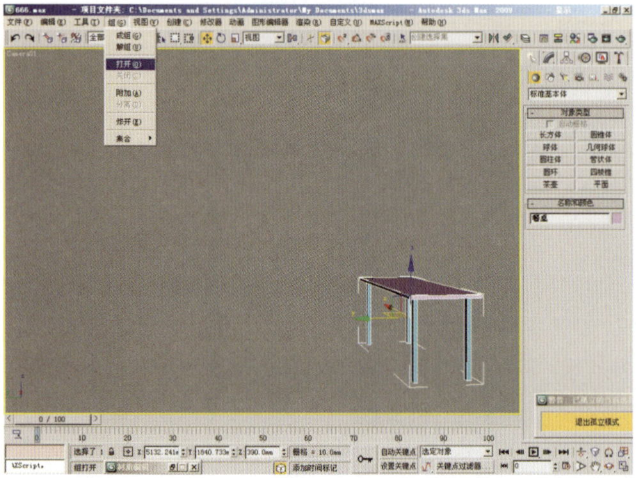

图6-124

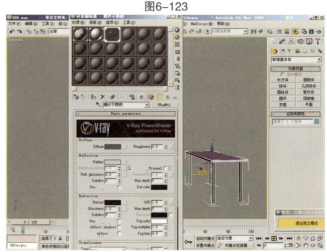

图6-125

（49）在【材质编辑器】中将桌面调节为黑色烤漆玻璃材质，参数设置如图6-126，指定给桌面，给桌子指定完材质后，点【组】菜单中的【关闭】（图6-127）。

（50）在一个空白材质球上，点【从对象吸取材质】工具，在餐桌靠背上单击，吸取了靠背模型上的材质，在【Diffuse】后给一个位图（图6-128），其他参数可以不调。

（51）选中橱柜，按【Alt】+【Q】，选中柜门，调节一个材质指定给它，如图6-129。

（52）选中橱柜模型，在【多边形】子级中，选择上面，设置【材质ID】为"1"（图6-130）；选中图6-131中的面，设置【材质ID】为"2"；选中最下面的一圈角线，设置【材质ID】为"3"；拖一个【多维/子对象】材质球给橱柜，设置参数如图6-132，分别设置黑色台面材质（图6-133）、"柜体"材质（图6-134）和"角线"材质（图6-135）。

（53）依此方法为其他物体一一指定材质。

（54）测试参数设置：点【渲染设置】命令，或按【F10】键；在【公用】项调节【输出大小】参数，如图6-136；在【VRay】的子项【V-Ray∷Frame buffer】中，勾【Enablebuilt-in Frame】和【Render to memory frame】两项，如图6-137。

（55）在【V-Ray∷Global switches】的【Lighting】项中，去掉【Default】【Hidden】选项，如图6-138。

项目六：室内装饰设计表现

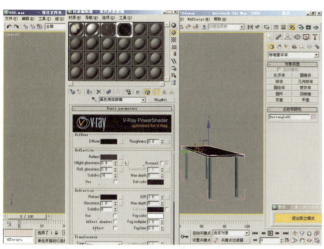

图6-126

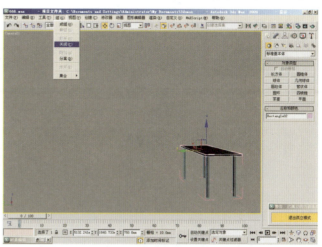

图6-127

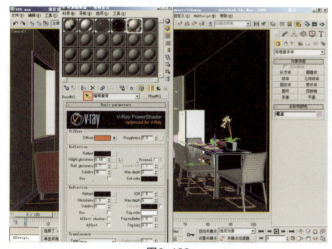

图6-128

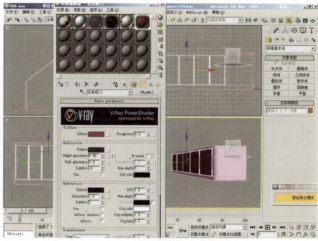

图6-129

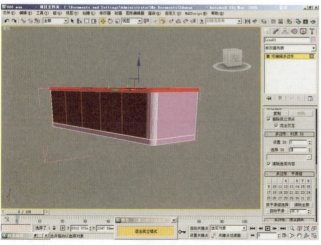

图6-130

图6-131

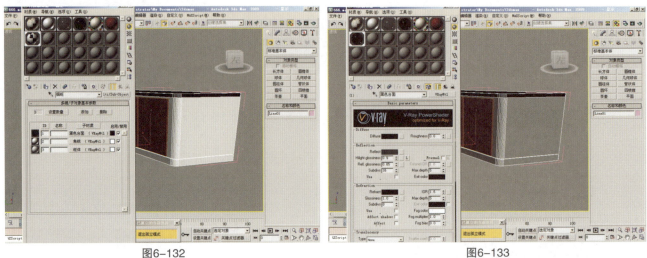

图6-132　　　　　　　　　　　　　　　　图6-133

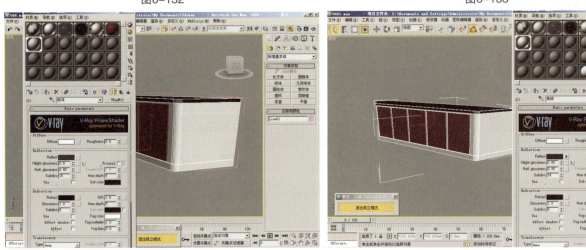

图6-134　　　　　　　　　　　　　　　　图6-135

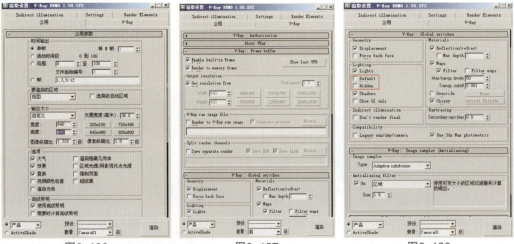

图6-136　　　　　　　图6-137　　　　　　　图6-138

（56）在【V-Ray∷Image sampler（Antialiasing）】项，选择【Adaptive DMC】；把【Antialiasing filter】中，选择【Mitchell-Netravali】；在【V-Ray∷Adaptive DMC image samlper】项，把【Min subdivs】【Max subdivs】值改为"1"；在【GI Enviroment（skylight）override】中勾【on】，调节【Multiplier】的值为"1.5"，如图6-139。

（57）在【V-Ray∷Indirect illumination GI】项中，勾【On】，在【Secondary bounces】中，把参数【Multiplier】为"0.9"，并将【GI engine】改为【Light cache】；其他参数的调节如图6-140；调节【Light cache】参数如图6-141。

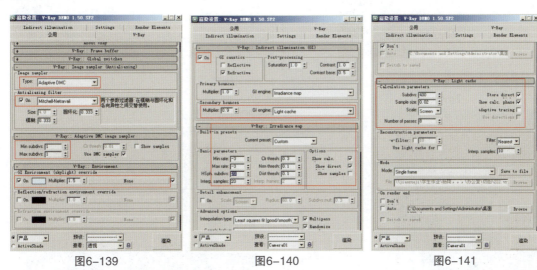

图6-139　　　　　　　　图6-140　　　　　　　　图6-141

（58）创建灯光：在【创建面板】中的【灯光】中，用VRayLight工具在窗户外创建一个灯光，如图6-142；在修改面板中修改灯光参数，如图6-143。

（59）在窗户口顶部创建VRay平面灯，调节参数如图6-144；创建光域网灯光；用光度学灯光创建一个灯光，修改参数，复制其他三个灯光，如图6-145。

（60）点【渲染】，进行灯光测试和材质测试，得到结果如图6-146。

（61）测试完成后，进行最终渲染参数的设置，先将一张小图，进行如下设置（图6-147～图6-152），完成后点【渲染】，得到结果如图6-153。

（62）渲染完小图后，关闭渲染框。在【渲染】面板中，按图6-154～图6-157所示的设置参数，最终效果图如图6-159、图6-160。

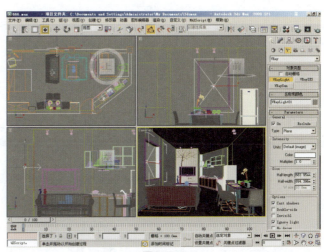

图6-142

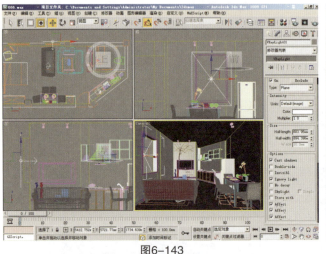

图6-143

图6-144

图6-145

图6-146

图6-147　　图6-148　　图6-149

项目六：室内装饰设计表现

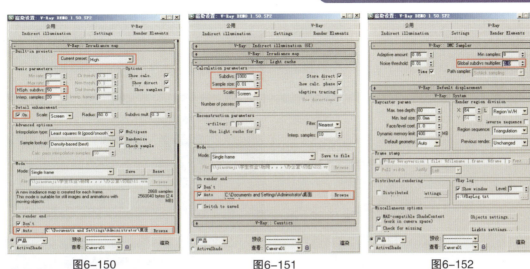

图6-150　　　　　　　　图6-151　　　　　　　　图6-152

图6-153　　　　　　　　　　　　　图6-154

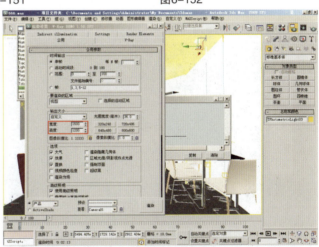

图6-155　　　　　　　　　　　　　图6-156

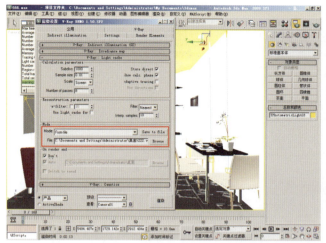

图6-157

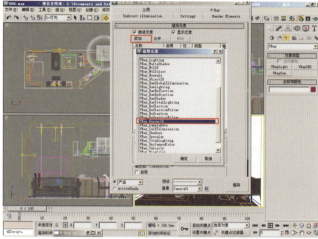

图6-158

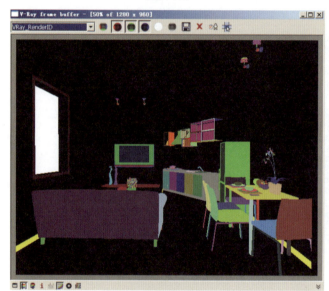

图6-159

图6-160

三、综合技能

（一）办公室设计表现

（1）在Auto CAD软件中修整好需要制作效果图的图纸（图6-161），点【文件】菜单中的【保存】（图6-162），保存为一个单独的文件，命名为【平面图】（图6-163）。

（2）在3DS MAX中设置单位；点【文件】中的【重设】命令（图6-164），使3DS MAX恢复到默认状态；点【自定义】菜单中【单位设置】（图6-165），设置单位为【毫米】（图6-166）。

项目六：室内装饰设计表现

图6-161　　　　　　　　　　　　图6-162

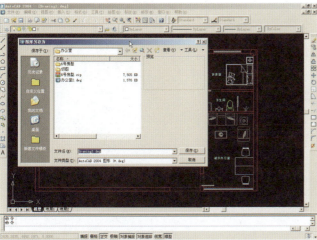 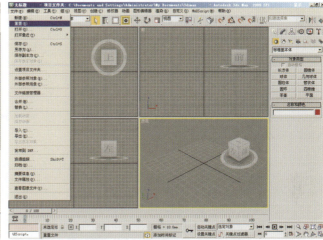

图6-163　　　　　　　　　　　　图6-164

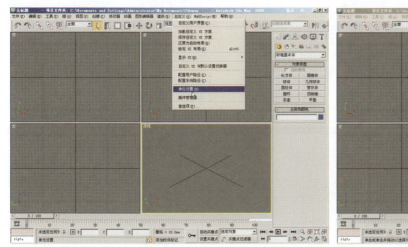 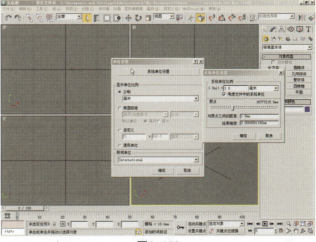

图6-165　　　　　　　　　　　　图6-166

（3）导入CAD文件；点【文件】菜单中的【导入】（图6-167）；选择文件类型为".dwg"，选择文件，点【打开】（图6-168）。在弹出的【导入选项】中，勾【重缩放】，选择【毫米】，点【确定】（图6-169）。

（4）保持选中CAD文件，点【组】菜单，点【成组】，命名为"平面图"，点【确定】。

（5）选中"平面图"，在视图上点【右键】，点【对象属性】（图6-170），弹出【对象属性】对话框，将【以灰色显示冻结对象】的钩去掉，点【确定】（图6-171）；再点【右键】，选【冻结当前选择】（图6-172）。

（6）开【2D捕捉】，在捕捉命令上点【右键】，弹出【栅格和捕捉设置】对话框，在【捕捉】项，勾【顶点】（图6-173）；在【选项】中，勾选【捕捉到冻结对象】（图6-174）。

（7）用线沿着办公室画一圈线（图6-175），闭合样条线（图6-176）；添加【挤出】修改器，设置【数量】为"3000.0"（图6-178）；添加【法线】修改器，把正反面对调，如图6-179。

（8）选中墙物体，在视图上点【右键】，点【对象属性】（图6-179）；勾选【背面消隐】项，点【确定】（图6-180）。

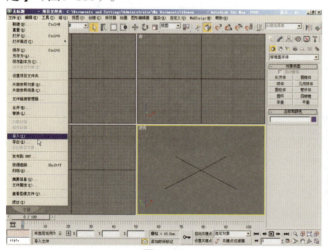

图6-167

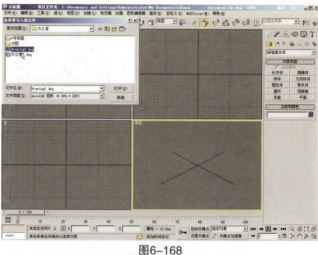

图6-168

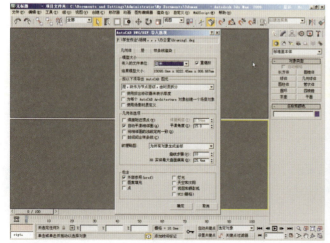

图6-169

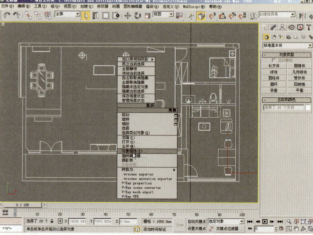

图6-170

项目六：室内装饰设计表现

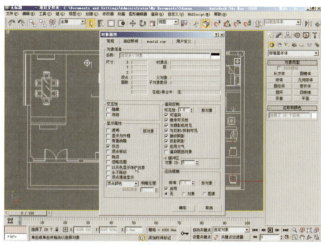

图6-171

图6-172

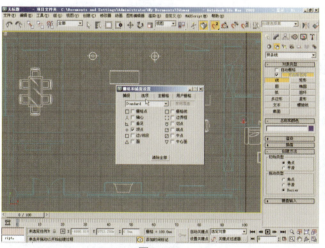

图6-173

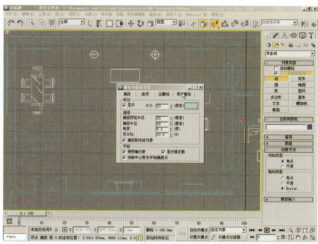

图6-174

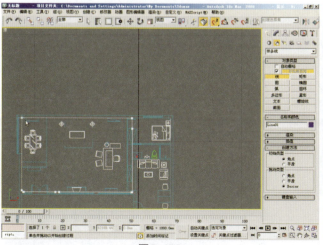

图6-175

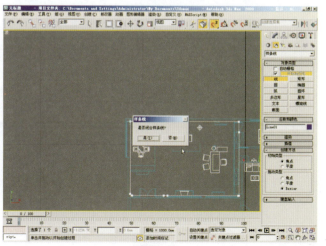

图6-176

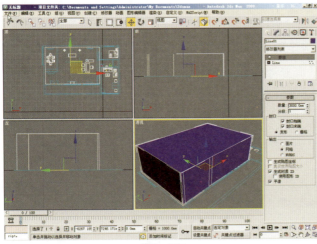

图6-177　　　　　　　　　　　　　　图6-178

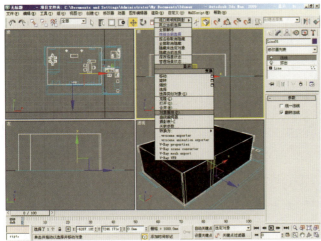

图6-179　　　　　　　　　　　　　　图6-180

（9）制作窗户：选中墙体，在视图上点【右键】，点【转换为可编辑多边形】（图6-181）；激活【边】子级，选中如图6-182中的边线，点【连接】命令，设置【分段】为"2"，点【确定】，增加了"2"根线（图6-183）。

（10）选中如图6-184的线，在【绝对模式变换输入】的【Z】轴中输入"2500.0"，并【回车】。

（11）切换至【多边形】子级中，选中窗户的面，点【挤出】命令，设置【挤出高度】为"-100.0"（图6-185）；完成后，点【Delete】键删除面，如图6-186。

（12）用同样的方法制作另外的窗户，得到结果如图6-187。

（13）制作天花：在CAD软件中，把天花图单独保存文件（图6-188）；在3DS MAX中导入CAD天花图，用【捕捉】和【移动】工具定位在平面图上（图6-189）。

（14）选中天花CAD图，按【Alt】+【Q】，进入【孤立模式】（图6-190）。开【2D捕捉】，沿着客厅边缘画矩形，如图6-191；在客厅中心处再画一个矩形，如图6-192。

项目六：室内装饰设计表现

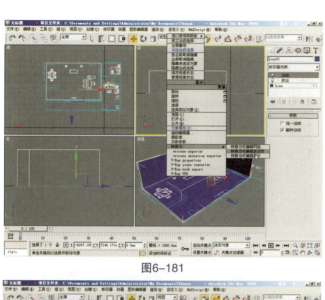
图6-181

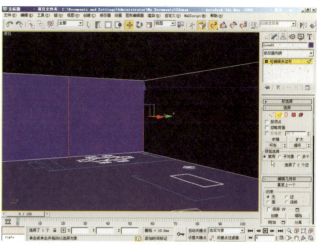
图6-182

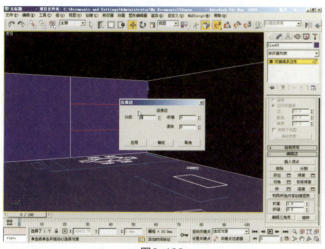
图6-183

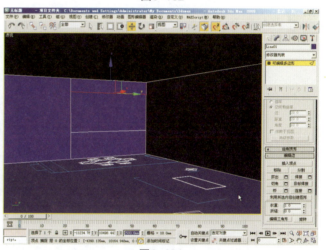
图6-184

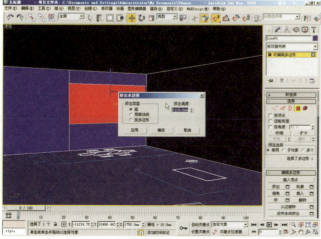
图6-185

图6-186

3DS MAX项目化实训教程

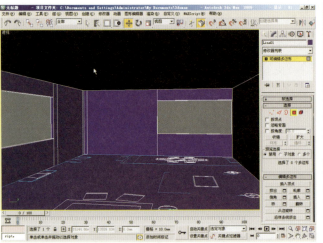

图6-187

图6-188

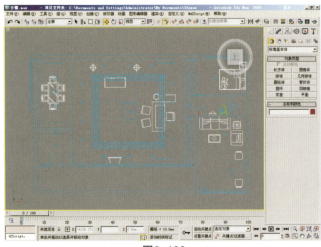

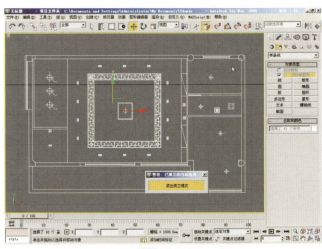

图6-189

图6-190

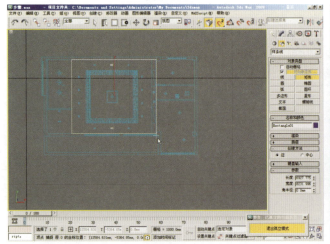

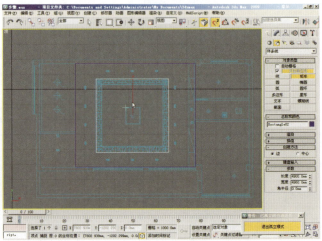

图6-191

图6-192

（15）画完两个矩形后，选中其中一个矩形，在视图上点【右键】，点【转换为可编辑样条线】（图6-193）；切换到【可编辑样条线】，在视图上点右键，点【附加】，在另一个矩形上点击，两个矩形结合为一个物体（图6-194）。

（16）给矩形线添加【挤出】修改器，设置【数量】参数为"80.0"（图6-195）；在【绝对偏移模式】的【Z】轴重输入"2600.0"，【回车】如图6-196结果。

（17）开【2D捕捉】，用线画造型，如图6-197，添加一个【挤出】修改器，调节【数量】参数为"80.0"，如图6-198。

（18）在CAD软件中把天花图案单独保存为一个文件（图6-199）；导入到3DS MAX软件中。

（19）选中天花图案线条，在修改面板中，激活【顶点】子级，选中所有顶点，点【焊接】命令，如图6-200。给线添加一个【挤出】修改器，调节【数量】参数为"40.0"（图6-201）。

（20）开【2D捕捉】，用【矩形】工具沿着图案画两根线，如图6-202，点【转换为可编辑样条线】，用【附加】命令结合在一起；添加【挤出】修改器，调节【数量】参数为"10"，如图6-203。

（21）在前视图中，选中刚挤出的物体，点【对齐】工具，到图案造型上点击，勾【Y位置】，把当前对象设置为【最小】，把目标对象设置为【最大】，点【确定】（图6-204）。

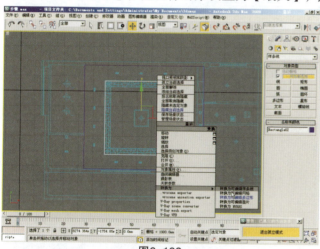

图6-193

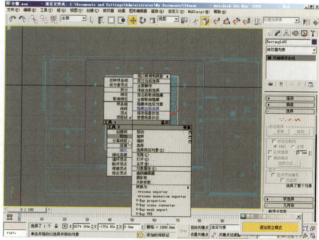

图6-194

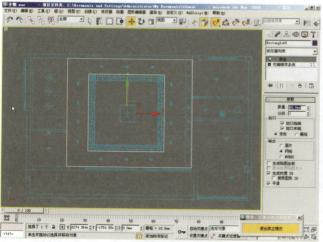

图6-195

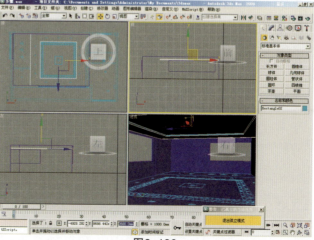

图6-196

3DS MAX项目化实训教程

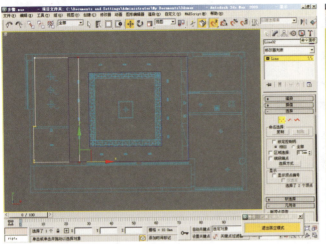

图6-197

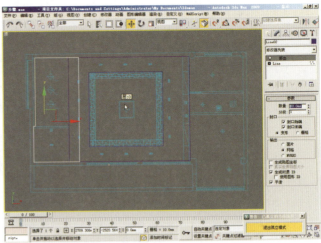

图6-198

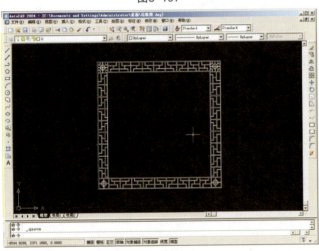

图6-199

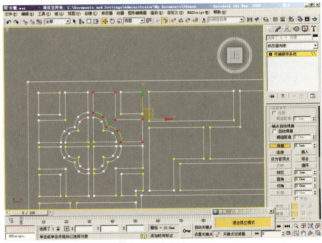

图6-200

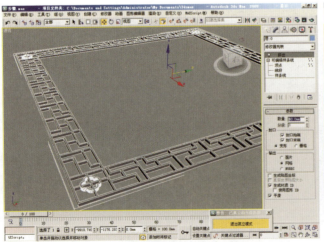

图6-201

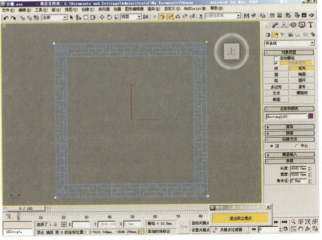

图6-202

192　3-Dimension Studio Max

项目六：室内装饰设计表现

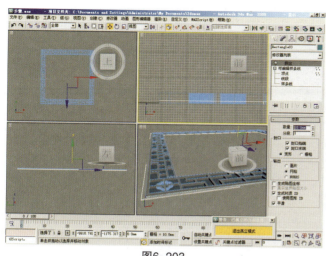
图6-203

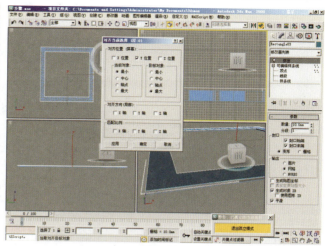
图6-204

（22）把两个物体选中，点【组】菜单，选【成组】（图6-205），命名为"花格"（图6-206）。

（23）选中"花格"，用【移动】工具，在【绝对偏移模式】的【Z】轴中输入"2625.0"，【回车】（图6-207）。

（24）在前视图画两个矩形和一个圆，设置大矩形的参数为："2785×2400"，小矩形的参数为："3000×50"，把圆的半径参数设置为"650"，如图6-208。

（25）框选小矩形和圆，点【对齐】工具，到大矩形上单击，弹出【对齐当前选择】对话框，勾【X位置】，在当前对象和目标对象选择【中心】，点【确定】（图6-209）。

（26）选中大矩形，在视图上点【右键】，点【转换为可编辑样条线】（图6-210），切换到修改面板中，在视图上点【右键】，点【附加】命令，在小矩形和圆上单击，三根线条结合在一起，如图6-211。

（27）选中两个矩形，切换到【样条线】子级中，点【修剪】命令（图6-212），在多出来的线条中单击，剪掉多余线条，如图6-213、图6-214。

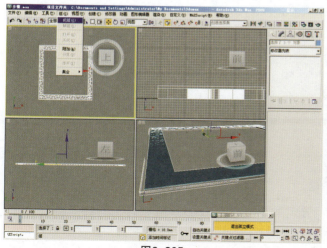
图6-205

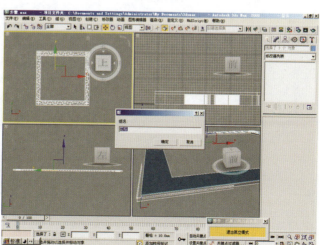
图6-206

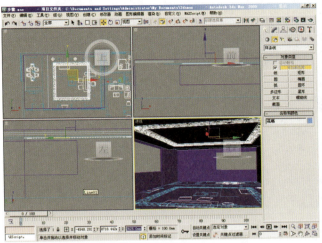

图6-207

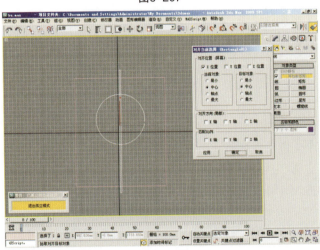

图6-209

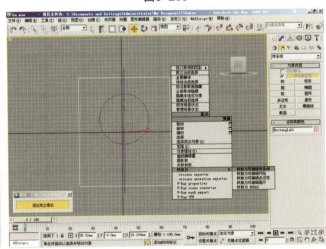

图6-210

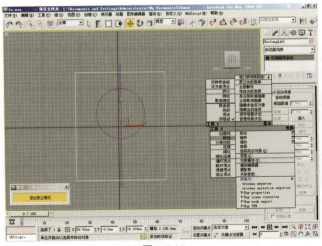

图6-211

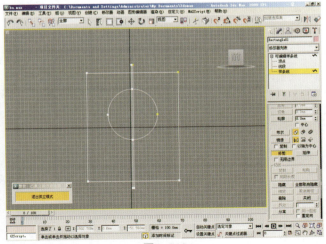

图6-212

项目六：室内装饰设计表现

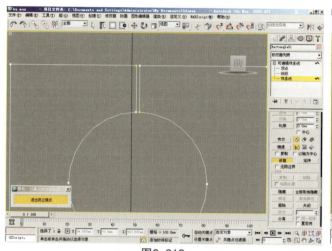

图6-213

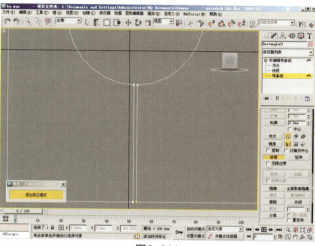

图6-214

（28）修剪完成后，切换到【顶点】子级中，选中所有的顶点，点【焊接】命令，焊接相邻的顶点（图6-215）；再添加【挤出】修改器，调节【数量】参数为"55.0"，挤出了一个厚度，如图6-216。

（29）在创建面板的【图形】中，点【圆环】命令，在【创建方法】项中，选择【边】，开【2D捕捉】，在捕捉中勾【顶点】，画出圆环线条，设置【半径 1】参数为"650.0"和【半径 2】参数为"200.0"，如图6-217；添加【挤出】修改器，调节【数量】参数为"80.0"（图6-218）。

（30）合并窗花：点【文件】的【合并】命令（图6-219），找到"窗花"模型（图6-220），点【打开】，弹出【合并文件】对话框，点【全部】，点【确定】（图6-221）；模型合并进来后，不要取消选择，点【对齐】工具，点中间的圆环，在弹出【对齐当前选择】对话框中，勾【X位置】【Y位置】【Z位置】，选择当前对象和目标对象的【中心】，点【确定】，如图6-222。

（31）选中这三个物体，点【组】菜单中的【成组】命令（图6-223），命名为"玄关花格"，点【确定】（图6-224）。

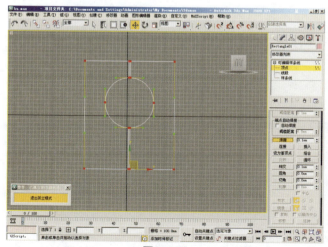

图6-215

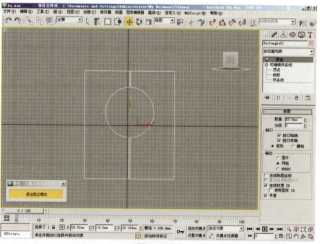

图6-216

3DS MAX项目化实训教程

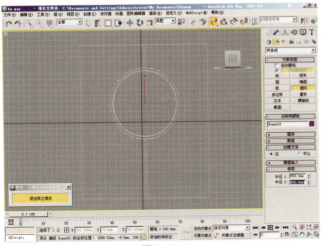

图6-217

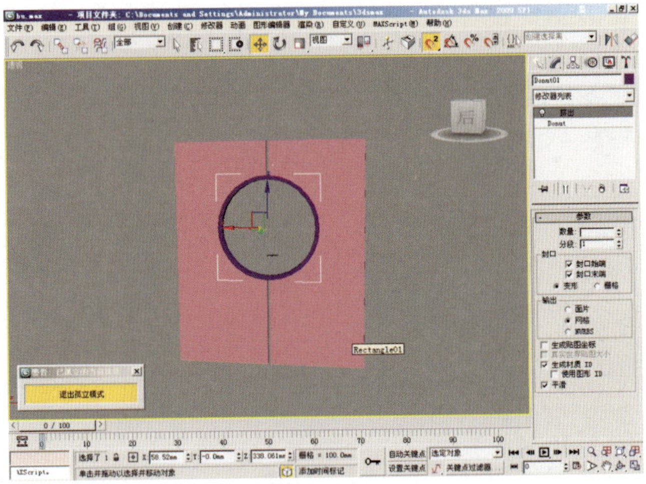

图6-218

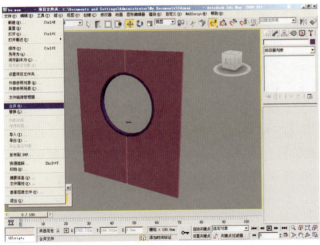

图6-219

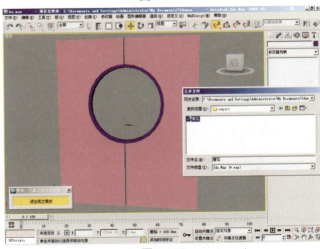

图6-220

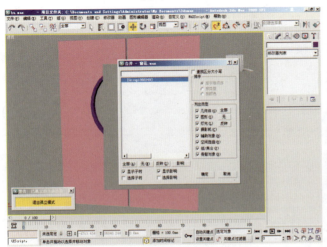

图6-221

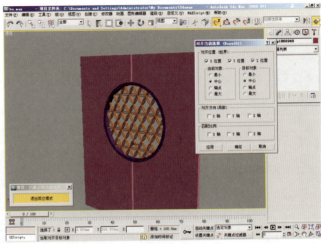

图6-222

3-Dimension Studio Max

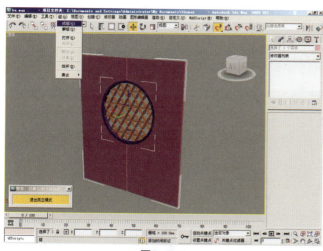
图6-223

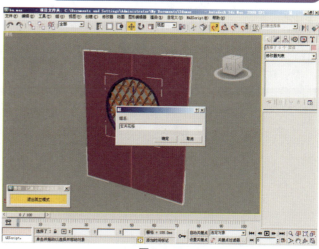
图6-224

（32）用【长方体】创建一个台阶，调整好参数，如图6-225。

（33）在创建面板中【摄像机】项，点【目标】摄像机，在如图6-226所示的位置创建一个摄像机，按【C】键切换到摄像机视图，在修改面板中，调节【镜头】参数为"28.0"（图6-227），勾选【手动剪切】，调节【近距剪切】和【远距剪切】参数，如图6-228。

（34）在台阶上创建长方体，设置大小，如图6-229，用【对齐】工具调整好位置，点【移动】工具，在【绝对模式变换】的【Z】轴中输入"100.0"，【回车】；按住【Shift】，沿着Z轴复制一个立方体，用于贴鱼缸图，在【绝对偏移模式】的【Z】轴中输入"700.0"，【回车】，如图6-230。

（35）合并模型：点【文件】菜单中的【合并】，依次合并窗帘（图6-231）、案台（图6-232）、茶几（图6-233）、装饰门（图6-234）、沙发（图6-235）、办公桌和办公椅（图6-236）、展示架（图6-237）、灯具等模型；用【变换】工具调整好他们的位置、角度和大小。如有些模型的显示速度比较慢，可选中模型，点显示面板的【显示属性】项，勾【显示为外框】，如图6-238；最终得到如图6-239效果。

（36）给物体指定材质：选中【房子】模型，按【Alt】+【Q】，切换到【孤立模式】；按【M】弹出【材质编辑器】，选中一个空白材质球，点【Standard】，选择【多维/子对象】材质球（图6-240）。

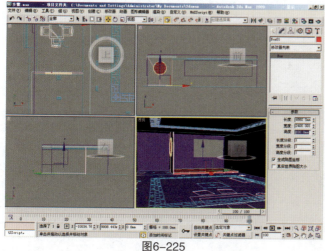
图6-225

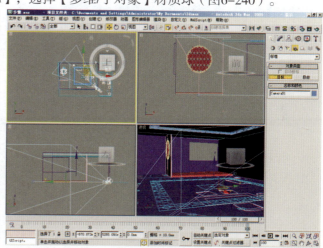
图6-226

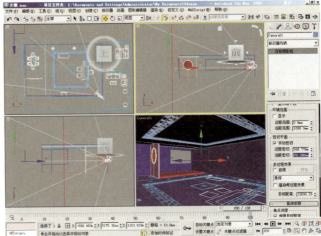

图6-227　　　　　　　　　　　　　　　图6-228

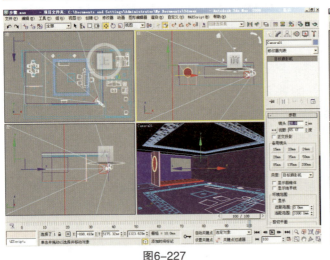

图6-229　　　　　　　　　　　　　　　图6-230

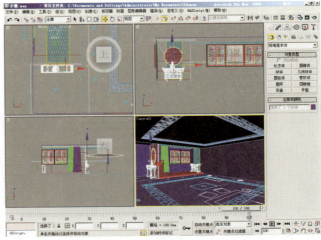

图6-231　　　　　　　　　　　　　　　图6-232

项目六：室内装饰设计表现

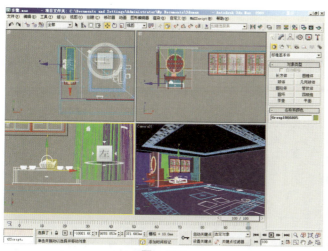

图6-233

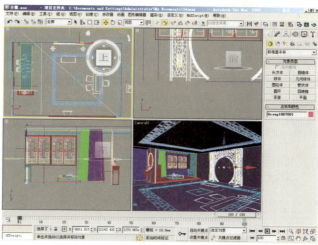

图6-234

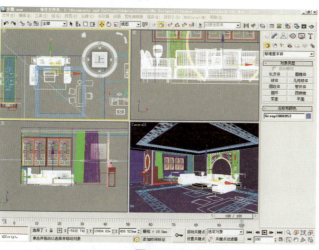

图6-235

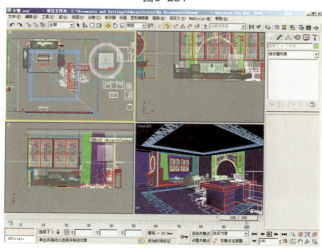

图6-236

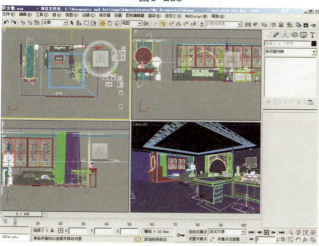

图6-237

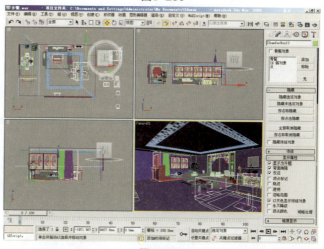

图6-238

3DS MAX项目化实训教程

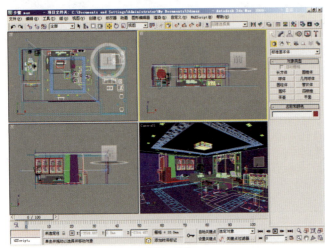

图6-239

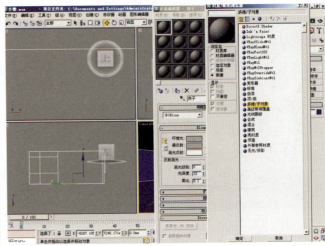

图6-240

（37）在【多维/子对象】材质球中，点【设置数量】，在【材质数量】输入"2"，点【确定】（图6-241）；进入【ID1】材质中，命名为"地面"，进入【ID 2】材质中，命名为"墙面"。

（38）点【地板】材质（图6-242）；点【Standard】，选择【VRayMtl】材质，如图2-243，在【Diffuse】中添加位图（图6-244）；选择一张地板图片点【确定】（图6-245）；在【坐标】项中，把【模糊】值设为"0.01"，点【在窗口中显示纹理】（图6-246）。

（39）在【Reflect】中添加【衰减】贴图（图6-247），把【衰减类型】改为【Fresnel】（图6-248）；调节其他参数，如图6-249。

（40）点【VRayMtl】，改为【VRayMtlWrapper】（图6-250），弹出【替换材质】对话框，选择【将旧材质保存为子材质】，点【确定】（图6-251）；将【Generate】调为"0.5"（图6-252）。

（41）选中房子模型，在【可编辑多边形】的【多边形】子级中，选中地板面，在【多边形材质ID】中，在【设置ID】中输"1"，【回车】如图6-253；按【Ctrl】+【I】，反选其他的面，在【设置ID】中输"2"（图6-254）。

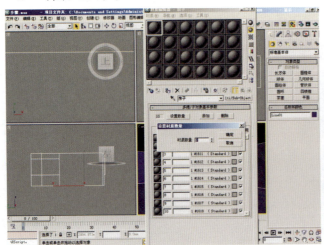

图6-241

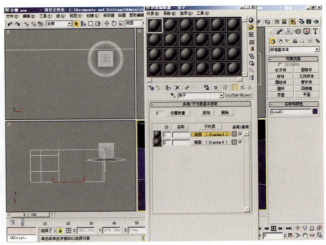

图6-242

项目六：室内装饰设计表现

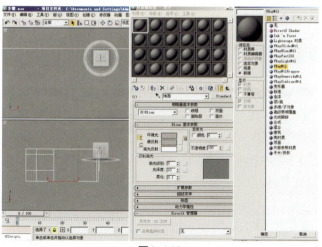
图6-243

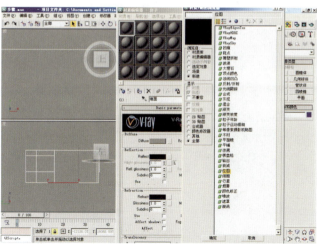
图6-244

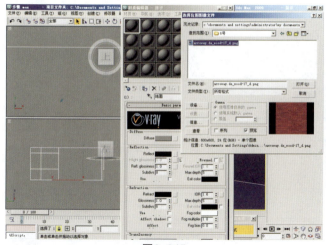
图6-245

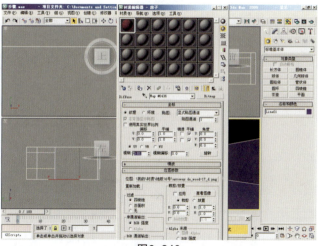
图6-246

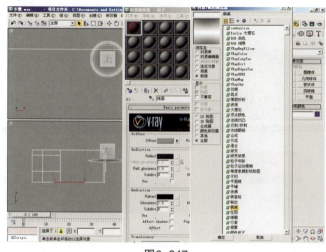
图6-247

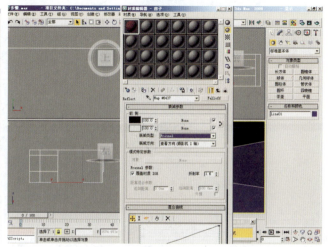
图6-248

3DS MAX项目化实训教程

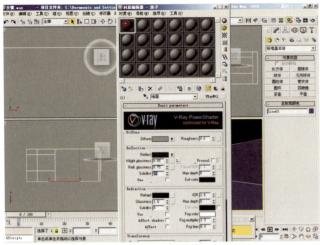

图6-249

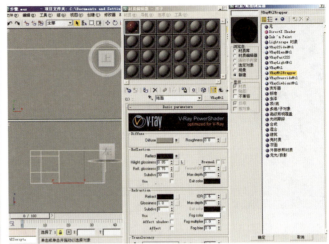

图6-250

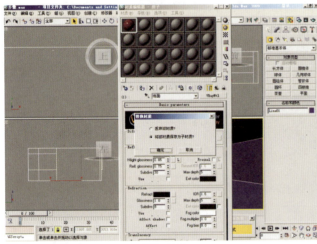

图6-251

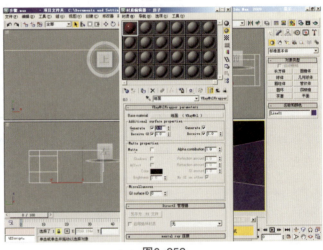

图6-252

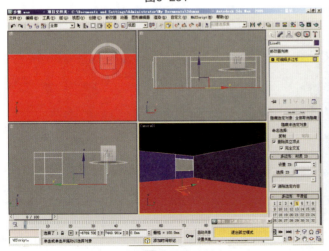

图6-253

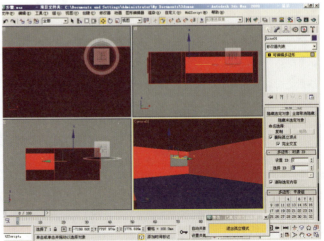

图6-254

（42）给房子添加【UVW贴图】修改器，调节参数如图6-255。

（43）点【转到父对象】，进入到"白墙"材质中，把【Diffuse】颜色调为白色；把【Reflect】中的【亮度】设为"5"，设置【Subdivs】为"30"（图6-256）。

（44）选择玄关木板，添加【UVW贴图】修改器，指定一个【VRayMtl】材质给它，在【Diffuse】中添加"黑胡桃"位图，各参数设置如图6-257。

（45）给花格和边框，指定黄色金属材质，各参数设置如图6-258。

（46）选中鱼缸立方体，指定鱼缸材质，在【Diffuse】中添加"鱼缸"位图，各参数设置如图6-259。

（47）选中吊顶【花格】顶部的造型，指定【Standard】材质，调节【漫反射】为黄色，在【自发光】颜色参数中，输"100"，如图6-260。

（48）给沙发、抱枕、地毯分别指定材质，添加各自的贴图，分别设置他们的参数（图6-261～图6-264）。

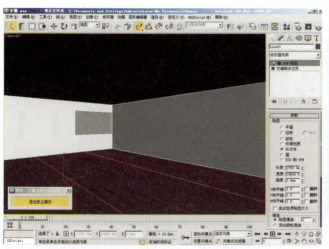

图6-255

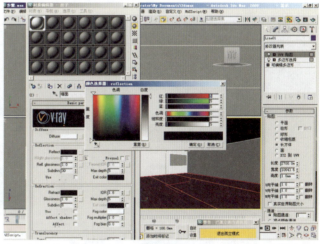

图6-256

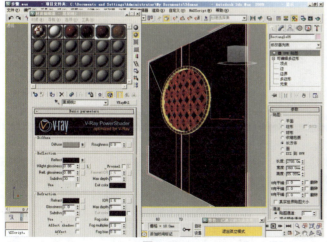

图6-257

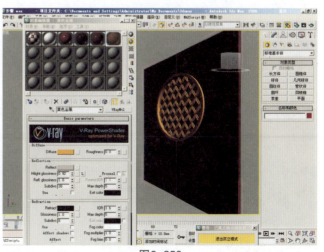

图6-258

图6-259

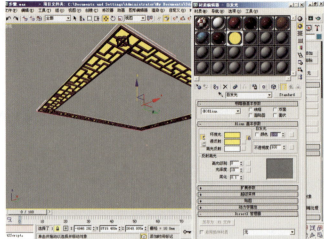

图6-260

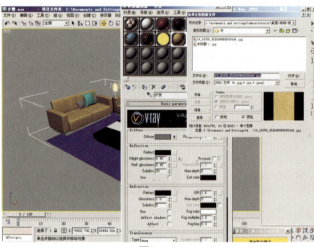

图6-261

图6-262

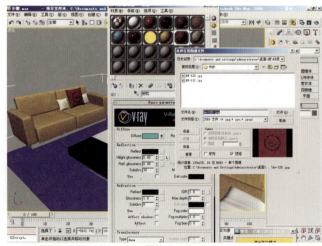

图6-263

图6-264

（49）把其他物体一一指定材质，各物体材质参数，如图6-265～图6-271；有些通过【合并】命令调入的模型，模型本身自带了材质，可用【从对象吸取材质】命令单击模型，吸取材质，最终场景如图6-272。

（50）点【渲染】菜单中的【环境】，或按【8】键，弹出【环境和效果】对话框，把背景颜色调节为白色偏蓝，如图6-273。

（51）布置灯光：创建【VRay】的平面灯，各灯光位置如图6-274；设置各灯光的参数，如图6-275～图6-280。

（52）用3DS MAX【光度学】中的【目标】，创建广域网灯光，设置好它们的参数，如图6-281、图6-282。

（53）渲染参数设置：在进行灯光布置和调节材质时，常常需要测试场景，测试的参数，可参考如图6-283～图6-285。

（54）场景的最终渲染一般会运用小图渲染大图的方法，整体效率要高一些。渲染小图具体参数设置如图6-286～图6-288；小图渲染完成后，大图渲染参数设置如图6-289～图6-295，渲染最终结果得到如图6-296和图6-297。

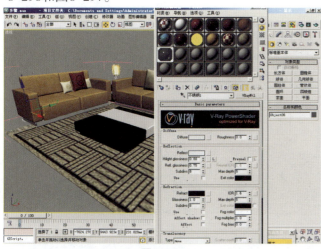

图6-265

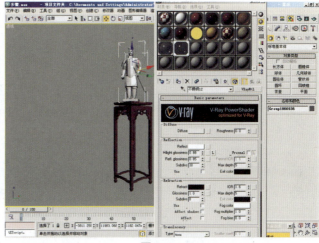

图6-266

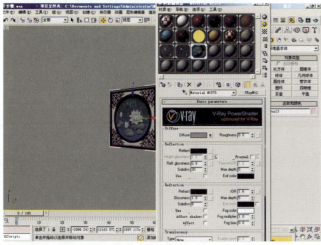

图6-267

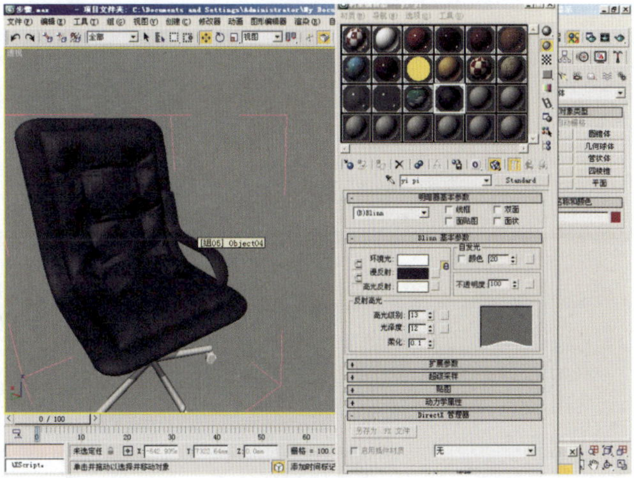

图6-268

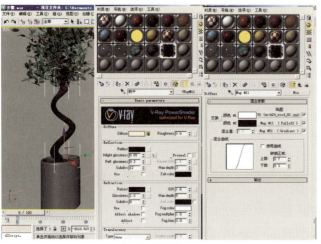

图6-269

图6-270

图6-271

图6-272

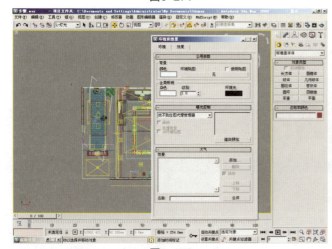

图6-273

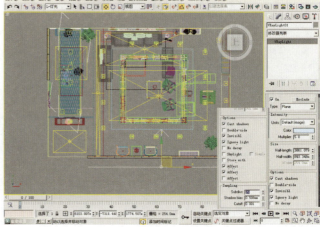

图6-274

项目六:室内装饰设计表现

图6-275

图6-276

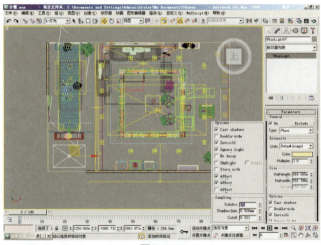

图6-277

图6-278

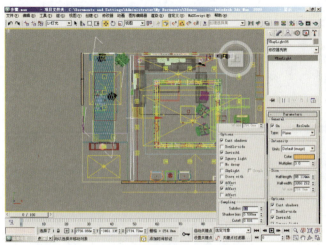

图6-279

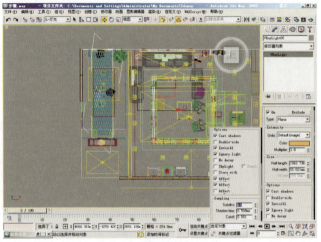

图6-280

3DS MAX项目化实训教程

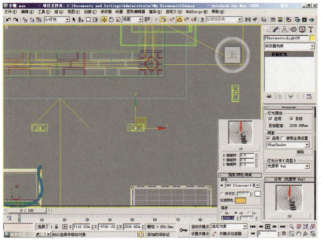

图6-281

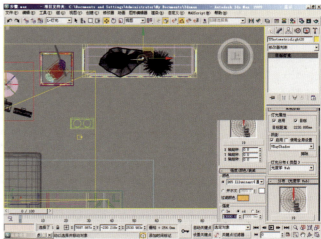

图6-282

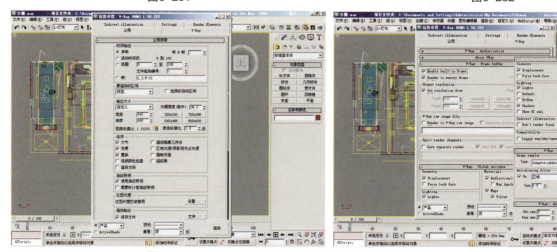

图6-283

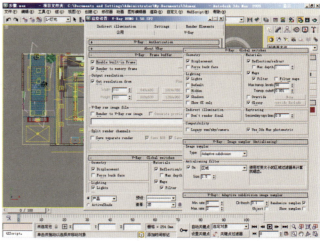

图6-284

图6-285

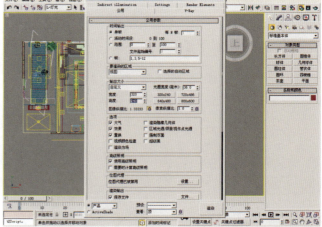

图6-286

项目六：室内装饰设计表现

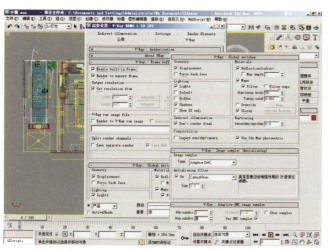

图6-287

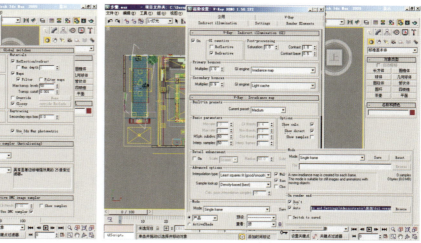

图6-288

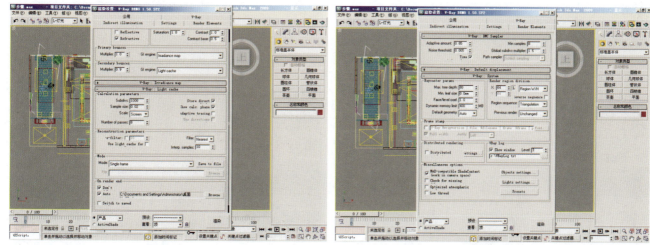

图6-289

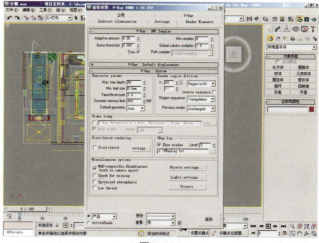

图6-290

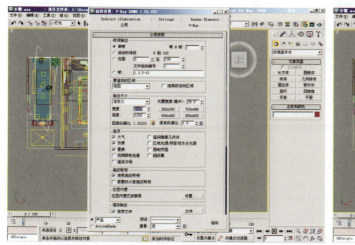

图6-291

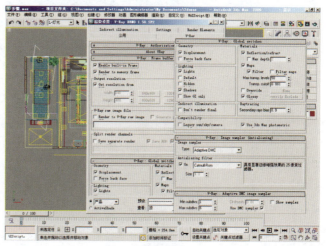

图6-292

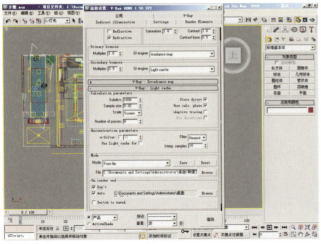

图6-293

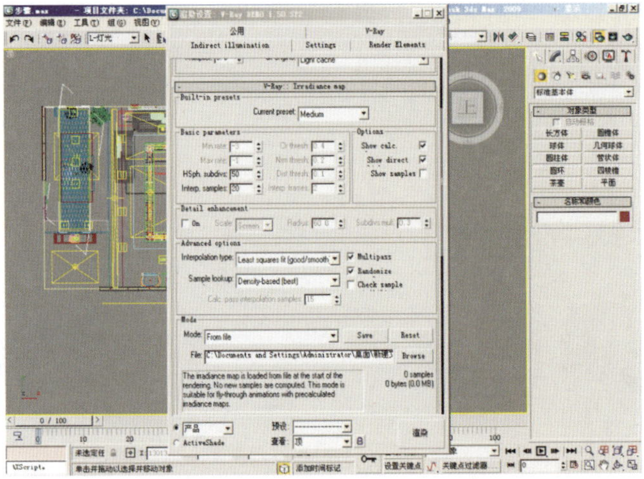

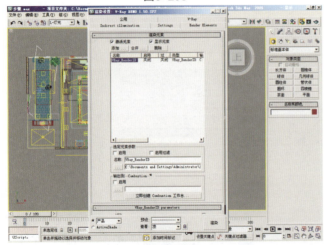

图6-295

图6-294

图6-296

图6-297

四、考核标准

（一）考核形式
课堂上机操作。

（二）主要标准
（1）综合运用建模工具的能力。
（2）场景搭配是否完整，是否营造了一个场景氛围。
（3）作图是否有效率。

（三）课后作业
给一个空房间的CAD平面图，设计并制作效果图。